XX
DDR

ZEITSCHRIFT FÜR ANGEWANDTE GEOLOGIE

HERAUSGEGEBEN VOM
ZENTRALEN GEOLOGISCHEN INSTITUT
IM AUFTRAG DES
STAATSSEKRETARIATS FÜR GEOLOGIE

AUS DEM INHALT

AKADEMIE-VERLAG · BERLIN

BAND 15 / HEFT 9
SEPTEMBER 1969
SEITE 445–502

	INHALT	СОДЕРЖАНИЕ	CONTENTS	
M. BOCHMANN	Zum 20. Jahrestag der Gründung der Deutschen Demokratischen Republik	К 20-ой годовщине основания Германской Демократической Республики	On the Occasion of the 20th Anniversary of the German Democratic Republic	446
H. HETZER	20 Jahre geologische Forschung und Erkundung in der Deutschen Demokratischen Republik	20 лет геологических исследований и поисков в Германской Демократической Республике	20 Years of Geological Research and Exploration in the German Democratic Republic	447
G. TISCHENDORF, S. LÄCHELT & J. RENTZSCH	Zu Problemen der Metallogenie in der Deutschen Demokratischen Republik I. Die metallogenetische Rayonierung des Territoriums der DDR	О проблемах металлогении в Германской Демократической Республике I. Металлогеническое районирование территории ГДР	Problems of Metallogeny in the German Democratic Republic I. The Regional Metallogenetic Division of the Territory of the G.D.R.	455
J. DOMMENZ	Zu Anwendung moderner Methoden der sozialistischen Wirtschaftsführung in der geologischen Erkundung	Применение современных методов социалистической экономики в геологической разведке	Use of Modern Methods of Socialist Economic Organization in Geological Exploration	472
F. STAMMBERGER	Zwei Grundtypen geologischer Suchstrategien	Два основных типа геологической поисковой стратегии	Two Basic Types of Strategies of Geological Prospection	479
W. RASEMANN	Beitrag zu einer Bemusterungskonzeption für Speicherhorizonte unter Anwendung mathematischer Methoden	Вклад в концепцию опробования для коллекторских горизонтов с применением математических способов	On the Sampling Conception for Reservoir Horizons Using Mathematical Methods	485
H.-J. RÖSLER & J. PILOT	Anwendung und Bedeutung der Isotopengeochemie	Применение и значение геохимии изотопов	Application and Importance of Isotope Geochemistry	491
Buchbesprechungen, Kurznachrichten				500

	Sonderbeilagen	Специальные приложения	Supplements
	Deformationsbeispiele aus dem Schiefergebirge	Примеры деформаций из Сланцевых гор	Examples Illustrating the Deformation of Slate Mountains
	Rezente Rutschung am Kap Arkona auf Rügen	Современные скольжения у мыса Аркона на о. Рюген	Recent Slide at the Cape of Arkona on the Isle of Rugen
	Archaeopteryx lithographica H. v. MEYER	*Archaeopteryx lithographica* H. v. MEYER	*Archaeopteryx lithographica* H. v. MEYER
	Brachiosaurus brancai JANENSCH	*Brachiosaurus brancai* JANENSCH	*Brachiosaurus brancai* JANENSCH

Die ZEITSCHRIFT FÜR ANGEWANDTE GEOLOGIE berichtet ständig über folgende Arbeitsgebiete: Geologische Grundlagenforschung und Lagerstättenforschung / Methodik der geologischen Erkundung / Ökonomie und Planung der geologischen Erkundung / Technik der geologischen Erkundung / Geologie und Lagerstättenkunde im Ausland. In der Zeitschrift können alle strittigen Fragen der praktischen Geologie behandelt werden. Die Autoren übernehmen für ihre Aufsätze die übliche Verantwortung.

ZEITSCHRIFT FÜR ANGEWANDTE GEOLOGIE

Träger der Ehrennadel in Gold der Gesellschaft für Deutsch-Sowjetische Freundschaft

KOLLEKTIVE CHEFREDAKTION

Dr. K. KAUTER (Redaktionssekretär)
Prof. Dr. F. STAMMBERGER
Dr. habil. G. TISCHENDORF

BAND 15 · SEPTEMBER 1969 · HEFT 9

Der Erste Sekretär des ZK der SED und Vorsitzende des Staatsrates, Walter Ulbricht, auf Erdölfeldern in der DDR und in der Sowjetunion

Zum 20. Jahrestag der Gründung der Deutschen Demokratischen Republik

In diesem Jahre begehen die Bürger der Deutschen Demokratischen Republik stolz und zukunftsgewiß den 20. Jahrestag der Gründung des ersten sozialistischen Staates deutscher Nation.

Unter Führung der Sozialistischen Einheitspartei Deutschlands haben die Werktätigen der Deutschen Demokratischen Republik große Erfolge beim Aufbau ihrer sozialistischen Gesellschaftsordnung errungen und damit die Voraussetzungen zu internationaler Achtung und Anerkennung geschaffen.

Die Deutsche Demokratische Republik hat sich dank der allseitigen brüderlichen Hilfe durch die Sowjetunion und im festen Bündnis mit ihr und den anderen sozialistischen Staaten zu einem modernen sozialistischen Industriestaat entwickelt.

Zum 20. Jahrestag unseres Arbeiter-und-Bauern-Staates gilt mein Gruß dem Kollektiv unserer Arbeiter, Techniker, Ingenieure und Wissenschaftler in der geologischen Forschung und Erkundung sowie dem Kollektiv der sowjetischen Spezialisten, die sich in enger deutsch-sowjetischer Gemeinschaftsarbeit und Schöpferkraft für die Realisierung der Ziele des VII. Parteitages eingesetzt haben.

Die Ausarbeitung und Gestaltung des ökonomischen Systems des Sozialismus führt zur immer bewußteren Anwendung der ökonomischen Gesetze des Sozialismus. Auf diesem Wege wurden in der geologischen Forschung und Erkundung Leistungen vollbracht, die einen bedeutenden Faktor zur Durchsetzung der Strukturpolitik von Partei und Regierung darstellen und dazu beitragen, das Nationaleinkommen in der Gegenwart und in der Zukunft systematisch zu steigern.

Durch eine verstärkte prognostische Arbeit wurden in den strukturbestimmenden Bereichen der geologischen Forschung und Erkundung Voraussetzungen für die Erarbeitung eines den Entwicklungsbedingungen entsprechenden Perspektivplans geschaffen.

Das wichtigste Ergebnis besteht darin, daß in den Forschungs- und Erkundungsorganisationen eine eindeutig auf den volkswirtschaftlichen Bedarf ausgerichtete geologische Forschung und Erkundung betrieben und damit eine gezielte rationelle Ausnutzung der Ressourcen des Landes für eine moderne stoffgewinnende Industrie gewährleistet wird.

Unsere besondere Anerkennung gilt unseren Arbeitern, Ingenieuren und Wissenschaftlern im Industriezweig Erdöl—Erdgas, die durch hervorragende wissenschaftlich-technische Leistungen mit der Kraft der sozialistischen Gemeinschaftsarbeit einen würdigen Beitrag zur Lösung der Aufgaben der Energiepolitik und der Chemisierung unserer Volkswirtschaft geleistet haben.

Die Entscheidung der Grundfrage „Wer — wen?“ zugunsten des Friedens und des Sozialismus verlangt auch in der geologischen Forschung und Erkundung ein höheres Tempo bei der Meisterung der wissenschaftlich-technischen Revolution und bei der Erreichung von Höchstleistungen auf den entscheidenden Gebieten. Das erfordert unter anderem, den begonnenen Konzentrationsprozeß zur Großforschung zielstrebig weiterzuführen, die modernsten Methoden der Wirtschafts- und Wissenschaftsorganisation anzuwenden, ganze Automatisierungsvorhaben aus der Sowjetunion zu übernehmen sowie komplexe Erkundungsmethoden auszuarbeiten und durchzusetzen.

Die Sicherung der Aufgaben des Planes 1970 als entscheidende Ausgangsbasis des Perspektivplans setzt die Erfüllung des Planes 1969 in allen seinen Teilen voraus. Das ist nur möglich unter breiter Einbeziehung aller Werktätigen in die Planung und Leitung.

Ich bin gewiß, daß die Arbeiter, Ingenieure und Wissenschaftler unseres Bereiches aus der erfolgreichen Abrechnung des Wettbewerbs anläßlich des 20. Jahrestages und aus der stolzen Bilanz ihres zwanzig Jahre jungen Staates neue Kraft für die aktive Gestaltung der sozialistischen Friedensordnung und für die weitere Stärkung der Arbeiter-und-Bauern-Macht im dritten Jahrzehnt ihrer Existenz schöpfen werden. Dazu wünsche ich allen weitere gute Erfolge, beste Gesundheit und persönliches Wohlergehen.

Dr. Manfred Bochmann
Staatssekretär für Geologie

Zeitschrift für angewandte Geologie, Bd. 15 (1969), Heft 9

20 Jahre geologische Forschung und Erkundung in der Deutschen Demokratischen Republik

Hans Hetzer, Berlin

Große Erfolge und Errungenschaften sind in der Entwicklung der sozialistischen Volkswirtschaft der Deutschen Demokratischen Republik während ihres 20jährigen Bestehens erzielt worden — Erfolge und Errungenschaften, zu denen auch die Werktätigen des Wirtschaftsbereiches Geologie ihren Anteil beigetragen haben. Zielstrebig wurden die geologische Forschung und Erkundung auf dem Territorium der DDR in den zurückliegenden zwei Jahrzehnten unter den Bedingungen der Arbeiter-und-Bauern-Macht und entsprechend den Beschlüssen der Sozialistischen Einheitspartei Deutschlands und der Regierung der DDR vorangetrieben. Der Weg zu dem heute erreichten Stand ist durch wichtige Etappen und Erfolge gekennzeichnet. Sie sollen hier charakterisiert werden, ohne daß damit eine auch nur annähernd vollständige Analyse des Werdegangs der geologischen Forschung und Erkundung in der DDR angestrebt wird.

Die geologischen Wissenschaften haben sich in unserer Republik, wie in allen Ländern der Welt, zu einem außerordentlich bedeutsamen wirtschaftlichen Faktor entwickelt. Dabei sind die Geowissenschaften immer mehr zur unmittelbaren Produktivkraft geworden. Aus den Aufgaben zur Entwicklung der sozialistischen Volkswirtschaft der DDR ergaben sich in den einzelnen Zeitabschnitten sehr unterschiedliche und vielfältige Anforderungen an die geologische Forschung und Erkundung hinsichtlich der Bereitstellung von Lagerstätten fester, flüssiger und gasförmiger Rohstoffe, der Einschätzung der Höffigkeit des Territoriums der DDR an bestimmten Rohstoffen, der Schaffung der Voraussetzungen für die untertägige Gasspeicherung, der Durchführung hydro-, ingenieur- und bodengeologischer Untersuchungen und anderer Arbeiten. Durch die erfolgreiche Realisierung dieser Aufgaben haben die Werktätigen des Wirtschaftsbereichs Geologie wesentliche Beiträge zum Aufbau solcher wichtigen Industriezweige wie der Kohle- und Energiewirtschaft, der Schwarz- und Buntmetallurgie, der Kaliindustrie, der Petrolchemie, der Baustoffindustrie geleistet und zahlreiche Ergebnisse erzielt, die für die Entwicklung in den Bezirken, Kreisen, Städten und Gemeinden von Bedeutung waren.

Mit dem unwiderruflichen Sieg der sozialistischen Produktionsverhältnisse in der DDR hat sich dabei auch eine gewaltige Veränderung von den Anfängen der sozialistischen Planwirtschaft in der geologischen Erkundung bis zur schrittweisen Anwendung des ökonomischen Systems des Sozialismus im Wirtschaftsbereich Geologie vollzogen. Dieser Prozeß verlief nicht ohne Widersprüche. Unter Führung der Sozialistischen Einheitspartei Deutschlands und durch die Entwicklung einer engen Zusammenarbeit mit der UdSSR ist es gelungen, alle auftretenden Probleme zu meistern und ein festgefügtes Kollektiv zu bilden, das in der Lage ist, die zukünftigen großen Aufgaben erfolgreich zu bewältigen.

1. Die Anfänge der planmäßigen geologischen Erkundung in der DDR

Auf dem Gebiet der Geologie bestand nach der Zerschlagung des faschistischen deutschen Reiches und der Errichtung der antifaschistisch-demokratischen Ordnung in der damaligen sowjetischen Besatzungszone eine schwierige Situation, die sich auch bis zur Gründung der DDR am 7. Oktober 1949 noch nicht wesentlich ändert hatte.

Trotz einer fast einhundertjährigen Tradition der geologischen Arbeit auf dem Boden des ehemaligen deutschen Reiches war kein zusammenhängender Überblick über die verfügbaren Ressourcen an mineralischen Rohstoffen vorhanden. Die in den letzten Jahrzehnten des 19. Jahrhunderts gegründeten Geologischen Landesanstalten — 1862 Preußische Geologische Landesanstalt, 1872 Sächsisches Geologisches Landesamt als erste, denen die Gründung weiterer Anstalten folgte — führten vor allem geologische Oberflächenkartierungen zur Schaffung des Kartenwerks 1:25000 durch. Wirtschaftliche Ergebnisse wurden dabei in speziellen Gutachten erfaßt und den interessierten Industriegesellschaften übergeben.

Im Jahre 1939 wurden alle geologischen Landesanstalten zum faschistischen „Reichsamt für Bodenforschung" zusammengeschlossen. Damit erfolgte eine totale Ausrichtung der Geologie auf die Erkundung kriegswichtiger Rohstoffe und auf die Ausbeutung von Rohstoffen in den von den faschistischen Truppen überfallenen Ländern.

Gebäude, Sammlungen und Archive dieses Reichsamts wurden während des zweiten Weltkriegs zum großen Teil zerstört oder in das Gebiet der späteren westlichen Besatzungszonen ausgelagert.

Die wenigen Geologen, die sich nach 1945 in der sowjetischen Besatzungszone befanden, begannen ihre Tätigkeit unter schwierigen Arbeitsbedingungen und mit unzureichenden Materialien. Im Vordergrund der neuen Tätigkeit standen in den Jahren 1946/1947 die Begutachtung von Torfvorkommen, die Erarbeitung hydrogeologischer Gutachten und die Erkundung der Pyritlagerstätte Elbingerode.

Der eigentliche Neuaufbau der „Geologischen Landesanstalt in der sowjetischen Besatzungszone" begann 1947, nachdem Prof. Dr. Erich Lange als Präsident eingesetzt worden war. Ihre Aufgabe bestand zunächst darin, alle vorhandenen wissenschaftlichen und technischen Kräfte für die Erfassung und Verbesserung der Vorratssituation in den nach Kriegsende noch existie-

Eingang des Manuskripts in der Redaktion: 5. 6. 1969.

renden oder zur Verbesserung der Rohstofflage wieder in Betrieb genommenen Bergbaubetrieben einzusetzen. Entsprechend dieser Zielstellung wurden in den ersten Jahren von der „GLA" und ihren Zweigstellen in Jena, Freiberg, Halle und Rostock Rohstoffkarten für die Kreise und Länder hergestellt, in denen die bereits bekannten Lagerstätten an Kohle, Torf, Kalk, Dolomit u. a. erfaßt wurden. Weiterhin wurde die Arbeit auf die Zusammenstellung eines Atlas der Braunkohlenlagerstätten und auf die Anfertigung von „Lagerstättenpässen" als ersten zaghaften Vorläufern von Vorratsberechnungen für die wichtigsten Lagerstätten konzentriert.

Die technischen Ausrüstungen waren in den ersten Jahren noch völlig ungenügend. 1948 standen lediglich zwei Flachbohrgeräte und ein Untertagebohrgerät zur Verfügung. Die Laboreinrichtungen waren zerstört oder veraltet und genügten nur den einfachsten Anforderungen. Im Jahre 1950 wurden die ersten seismischen Geräte eingesetzt.

Ungeachtet aller Schwierigkeiten wurde jedoch mit der systematischen Erforschung der Rohstoffbasis des Territoriums der DDR begonnen, sowohl hinsichtlich der Erfassung vorhandener als auch der Erkundung neuer Lagerstätten. Wichtige Grundlagen dafür waren die Gesetze der Länder von 1947 über das Volkseigentum an den Bodenschätzen und schließlich die Verfassung der DDR vom 7. Oktober 1949, die in Artikel 25 festlegte:

„Alle Bodenschätze, alle wichtigen nutzbaren Naturkräfte sowie die zu ihrer Nutzbarmachung bestimmten Betriebe des Bergbaus, der Eisen- und Stahlerzeugung und der Energiewirtschaft sind in Volkseigentum überzuführen."

Als herausragende Ergebnisse der Arbeiten in dieser Zeit sollen hier nur genannt werden:

Erste Anfänge einer planmäßigen geologischen Tätigkeit im nördlichen Teil der DDR, insbesondere in Mecklenburg, einem Gebiet, dessen geologische Bearbeitung vor 1945 völlig vernachlässigt worden war, da in ihm angeblich keinerlei Rohstoffe nachweisbar sein sollten;

die Entdeckung der Nickellagerstätten von Kuhschnappel—St. Egidien, die eine wesentliche Rolle bei der Widerlegung der von den Gegnern des sozialistischen Aufbaus verbreiteten These bildeten, auf dem Boden der DDR seien keine neuen Lagerstätten mehr zu entdecken, und

die Erkundung der Lias-Eisenerze im Raum Badeleben—Sommerschenburg, mit denen die Erzbasis für das Niederschachtofenwerk Calbe, das eine wesentliche Rolle bei der Entwicklung der Schwarzmetallurgie in der DDR spielte, geschaffen werden konnte.

2. Die Bedeutung der Beschlüsse der Sozialistischen Einheitspartei Deutschlands und der Regierung der DDR für die Entwicklung der Geologie

Die an die geologische Forschung und Erkundung gestellten Anforderungen sowie das Wirksamwerden der geologischen Wissenschaften als Produktivkraft erforderten objektiv, die der Entwicklung der Volkswirtschaft der DDR zugrunde liegenden Gesetzmäßig-

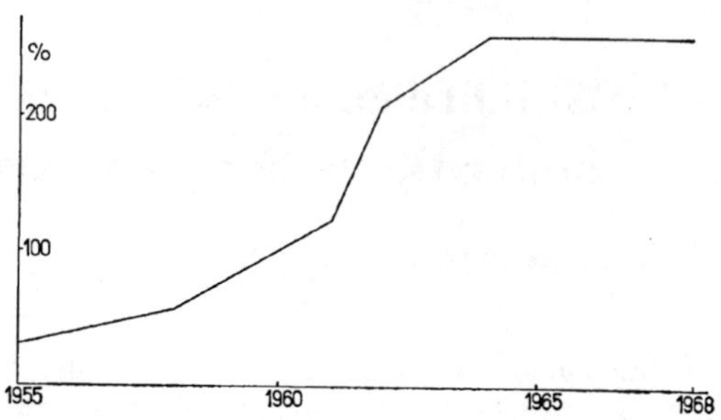

Abb. 1. Schematische Darstellung der Entwicklung der finanziellen Aufwendungen für die geologische Forschung und Erkundung insgesamt von 1955—1968 (1960 = 100%)

keiten auch im Gesamtbereich der Geologie voll zur Anwendung zu bringen. Dabei war maßgeblich mitbestimmend, daß der richtige und effektive Einsatz der ständig zunehmenden finanziellen Mittel, die von der Regierung der DDR für die Forschungs- und Erkundungsarbeiten bereitgestellt wurden (s. Abb. 1), nur mit Hilfe moderner Planungs- und Leitungsmethoden gesteuert werden konnte. Eine Reihe von Beschlüssen der Führungsorgane der Sozialistischen Einheitspartei Deutschlands und der Regierung der DDR sowie weitere zentrale Maßnahmen charakterisieren diese Entwicklung.

Mit dem Beschluß vom 19. 10. 1950 über die Reorganisation der geologischen Arbeiten in der DDR wurden die geologische Forschung und Erkundung entsprechend den objektiv herangereiften Erfordernissen in das System der zentralen Planung und Leitung der Volkswirtschaft eingegliedert. Mit diesem Beschluß erfolgten die Bildung der Staatlichen Geologischen Kommission, die Umwandlung der Geologischen Landesanstalt in einen Geologischen Dienst, die Bildung eines Geophysikalischen Dienstes, aus dem 1953 der VEB Geophysik hervorging, die Bildung einer Vereinigung volkseigener Bohrbetriebe und die Gründung eines Instituts für angewandte Mineralogie. Als Aufgaben der Staatlichen Geologischen Kommission wurden festgelegt:

„Die Geologische Kommission leitet die geologischen Untersuchungsarbeiten und geophysikalischen Untersuchungen nach einem einheitlichen Plan. Die Kontrolle der durch die Ministerien der DDR durchzuführenden geologischen Arbeiten obliegt der Geologischen Kommission."

Dem Institut für angewandte Mineralogie war insbesondere die Aufgabe gestellt, „die technologische Auswertung aller aufgefundenen Mineralien mit dem Ziel der Beschaffung von Ersatzstoffen für Importrohstoffe durchzuführen".

Die anschließende Etappe ist charakterisiert durch einen raschen Anstieg der Mittel für geologische Erkundungsarbeiten, die Erweiterung und Modernisierung des Geräteparks und der Laboratorien, die Einführung moderner Untersuchungsverfahren und die Heranbildung eines Stammes junger Geologen, Geophysiker, Mineralogen, Ingenieure, Ökonomen und Bohrarbeiter. Dabei standen nur in geringem Umfang erfahrene Kader zur Verfügung, so daß sich viele junge Wissenschaftler, die heute in der Leitung und Durchführung der geologischen Forschung und Erkundung Hervorragendes leisten, selbständig in komplizierte Probleme einarbeiten und qualifizieren mußten.

Schwerpunkte der Erkundung in diesem Zeitraum bildeten die Untersuchungsarbeiten in den herkömmlichen Bergbaugebieten, insbesondere die Erschließung neuer Lagerstätten oder Lagerstättenteile in den an bekannte Lagerstätten anschließenden Räumen, da zur raschen Entwicklung der Volkswirtschaft der DDR eine möglichst weitgehende Deckung des Rohstoffbedarfs aus eigenen Ressourcen erforderlich war.

Zunächst zögernd, beeinflußt durch Theorien über geringe Erfolgsaussichten, dann zunehmend entwickelte sich die Erdöl-Erdgas-Erkundung und erreichte 1957 einen solchen Umfang, der die Gründung eines speziellen Betriebes, des VEB Erdöl-Erdgas, mit Sitz in Gommern erforderlich machte.

Nach der Erweiterung der mineralischen Vorratsbasis in einer beträchtlichen Zahl von Bergbaubetrieben und der Klärung einiger grundsätzlicher Fragen über die Entwicklungsrichtung der geologischen Forschung und Erkundung in der DDR wurden 1958 mit der Bildung des Zentralen Geologischen Dienstes und der Geologischen Dienste Jena, Freiberg, Halle, Schwerin und Berlin (Mitte) sowie der Formierung des VEB Erdöl-Erdgas-Kombinat neue Aufgaben gestellt. F. Stammberger formulierte sie auf der ersten Ökonomischen Konferenz der Staatlichen Geologischen Kommission folgendermaßen:

„1. Wir müssen bei der Erkundung tiefere Stockwerke erfassen. Die von uns noch zu entdeckenden Lagerstätten der Deutschen Demokratischen Republik werden fast ausnahmslos zu jenem Typ gehören, der nicht zutage ausbeißt und den Erkunder vor neue spezifische Schwierigkeiten stellt.

2. Wir müssen endlich den Mut finden, uns vom Erzgebirge, dem Thüringer Wald und dem Harz aus ins Vorland und ins Flachland vorzuwagen. Das ist zwar in der Vergangenheit schon von einzelnen Geologen gefordert, jedoch bisher nur ungenügend beachtet worden.

3. Wir müssen ferner komplex arbeiten und unbedingt, trotz aller Zielstrebigkeit, jede Einseitigkeit vermeiden. Nur so erhalten wir wichtige Hinweise und erfüllen unsere geologische Pflicht."

Die nächsten Jahre waren durch eine entscheidende Erhöhung des Umfangs der Erdöl-Erdgas-Erkundung als Hauptaufgabe der Staatlichen Geologischen Kommission und durch die Konzentrierung eines wesentlichen Teils der Kräfte auf die Verstärkung der wissenschaftlichen Forschungsarbeiten und der geologischen Kartierung charakterisiert. In diesen Zeitraum fällt der Beginn einer Reihe von Programmen, die unter dem Begriff „Tiefenkartierung" der komplexen Erforschung bisher nur ungenügend oder gar nicht untersuchter Gebiete besonders in den nördlichen Teilen der DDR dienten. Diese Verschiebung der Schwerpunkte in der geologischen Forschung und Erkundung ist aus Abb. 2 deutlich ersichtlich.

Auch in der Lagerstättenerkundung wurden in diesem Zeitraum neue große Aufgaben in Angriff genommen und z. B. in der Kupfererkundung Untersuchungsarbeiten in einem solchen Umfang durchgeführt, wie es bis dahin noch niemals der Fall gewesen war. Die Durchführung der dem Zentralen Geologischen Dienst gestellten Aufgaben ging parallel mit einer beträchtlichen Verstärkung der eigenständigen geologischen Arbeiten in den Bergbaubetrieben der DDR. Es entstanden leistungsfähige geologische Abteilungen im Schwarz- und Buntmetallerzbergbau, im Kalibergbau und in der Kohleindustrie.

Hervorzuheben ist für diesen Zeitraum weiterhin, daß begonnen wurde, Anschauungen über die „Besonderheiten der geologischen Arbeit" zu überwinden und industrielle Kategorien, wie u. a. die Projektierung der Erkundungsarbeiten, die Anwendung der vollendeten und unvollendeten Produktion, bei der Planung der geologischen Arbeiten einzuführen.

Die konsequente Ausnutzung und Weiterentwicklung der Vorzüge der sozialistischen Produktionsverhältnisse führte im Zeitraum von 1961 bis 1962 zur Bildung volkseigener Erkundungsbetriebe und von Vereinigungen Volkseigener Betriebe für die Bereiche der Erkundung von Erdöl—Erdgas und von festen mineralischen Rohstoffen. In ihnen erfolgte die ökonomisch zweckmäßigste Zusammenführung von Geologie, Technik

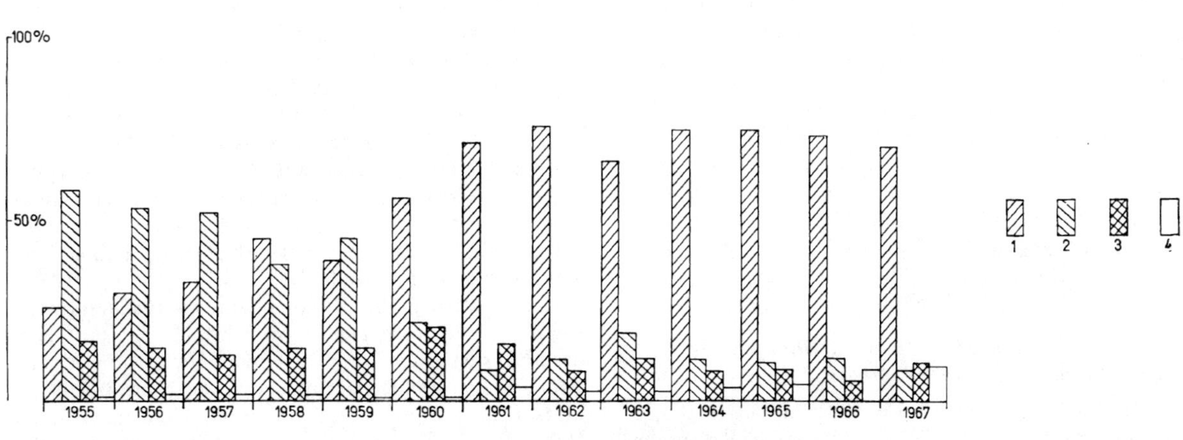

Abb. 2. Verhältnis der finanziellen Aufwendungen für die Arbeiten in den Bereichen Erdöl—Erdgas, feste mineralische Rohstoffe, Kartierung und Forschung sowie Hydro- und Ingenieurgeologie im Zeitraum 1955—1967. (Ab 1960 sind in den Aufwendungen für Erdöl—Erdgas beträchtliche Mittel für Aufgaben der geologischen Forschung enthalten.)

1 — Erdöl—Erdgas, 2 — feste mineralische Rohstoffe, 3 — Kartierung und Forschung, 4 — Hydro- und Ingenieurgeologie

und Ökonomie entsprechend den Leitungsprinzipien der Volkswirtschaft der DDR und unter Ausnutzung der Erfahrungen der UdSSR.

Gleichzeitig wurden mit der Gründung des Zentralen Geologischen Instituts in Berlin und des Forschungsinstituts für die Erkundung und Förderung von Erdöl und Erdgas in Gommern Institutionen geschaffen, die sich voll auf die wissenschaftliche Auswertung und Verallgemeinerung des durch die umfangreichen Bohrprogramme angesammelten Faktenmaterials sowie die planmäßige Schaffung des wissenschaftlichen Vorlaufs für die Erkundungsarbeiten, insbesondere in Form von Höffigkeitseinschätzungen und Lagerstättenprognosen, konzentrieren konnten.

Einen wesentlichen Schritt zur Stärkung der örtlichen Organe der Staatsmacht stellte die Bildung der Bezirksstellen für Geologie dar. Mit ihnen erhielten die Räte der Bezirke Einrichtungen für die ständige Einbeziehung der Geologen in die Planung der komplexen territorialen Entwicklung und für die Lösung geologischer Aufgaben von örtlicher Bedeutung.

Marksteine in der Entwicklung der geologischen Forschung und Erkundung sind der Nachweis von Erdöl im Norden der DDR mit der Bohrung Reinkenhagen am 21. März 1961 und von Erdgas mit der Bohrung Staakow in Südbrandenburg. Mit diesen Erfolgen wurde die Erdöl-Erdgas-Höffigkeit des gesamten Nordteils der DDR eindeutig bewiesen und die Grundlage für den raschen Aufschwung einer eigenen Erdöl-Erdgas-Industrie geschaffen.

Der VI. Parteitag der Sozialistischen Einheitspartei Deutschlands beschloß 1963 hierzu:

„Die Hauptaufgabe der Geologie im Zeitraum bis 1970 ist es, durch Intensivierung und Konzentration der Erkundungsarbeiten industriell gewinnbare Vorräte an Erdöl und Erdgas nachzuweisen und ohne Zeitverlust die Voraussetzungen für die schnelle Aufnahme der Förderung zu schaffen. Das erfordert eine schwerpunktmäßige Orientierung der zur Verfügung stehenden Kräfte und Kapazitäten auf die Erdöl-Erdgas-Erkundung und -Förderung, vor allem auf die Erkundung der geologischen Strukturen des Karbons und Devons."

Der entsprechend diesen Beschlüssen erfolgte weitere Ausbau des Wirtschaftsbereichs Geologie, insbesondere des Industriezweigs Erdöl—Erdgas, erbrachte positive Ergebnisse und Klarheit über die Verantwortung der Geologie bei der Durchsetzung einer modernen sozialistischen Strukturpolitik.

Mit der Bildung des Staatssekretariats für Geologie und mit der Anwendung neuer, den Grundsätzen des ökonomischen Systems des Sozialismus entsprechender Prinzipien für die Planungs- und Leitungstätigkeit wurde im Jahre 1967 eine neue Etappe in der geologischen Forschung und Erkundung in der DDR eingeleitet (M. BOCHMANN 1967), die bereits zu beachtlichen wirtschaftlichen Erfolgen geführt hat.

3. Die Entwicklung der nationalen Rohstoffbasis und ihre ökonomische Bewertung

Viele Probleme standen bei ihrer Gründung im Jahre 1949 vor der jungen Republik, eines der dringlichsten war die Versorgung der Industrie mit mineralischen Rohstoffen. Durch die von den imperialistischen Kräften betriebene Spaltung war die DDR von den natürlichen Rohstoffquellen, die sich zum größten Teil in den westlichen Gebieten Deutschlands befanden, abgeschnitten. Eigene Lagerstätten waren nur in beschränktem Umfang in Betrieb und die vorhandenen Grubenanlagen meist völlig veraltet.

Heute, nach zwanzigjähriger intensiver Tätigkeit auf dem Gebiet der geologischen Erkundung, kann das Rohstoffpotential der Republik mit großer Sicherheit eingeschätzt werden. Darüber hinaus sind neue Aufgabenstellungen für dessen Erschließung und Erweiterung möglich und notwendig, da sich mit der fortschreitenden Entwicklung des ökonomischen Systems des Sozialismus auch die an die Lagerstätten gelegten ökonomischen Maßstäbe gesetzmäßig verändert haben. Damit ist auch die Frage, ob die DDR arm oder reich an Bodenschätzen ist, nur so zu beantworten: Die DDR ist sehr unterschiedlich mit Bodenschätzen ausgestattet. Es gibt Rohstoffe, bei denen wir unseren Bedarf aus eigenen Kräften voll decken können, daneben gibt es aber viele mineralische Rohstoffe, bei denen wir teilweise oder ganz auf den Import angewiesen sind.

Die Erkundung von Erdöl und Erdgas gehörte in allen Etappen zur Hauptaufgabe der staatlichen geologischen Institutionen. Diese Aufgabe wurde von Partei und Regierung gestellt, um den Aufbau einer den modernsten Ansprüchen genügenden Energiewirtschaft und Petrolchemie zu ermöglichen. Die Entwicklung der eigenen Erdöl-Erdgas-Industrie ist ein für die Wirtschaft der DDR besonders bedeutsames Beispiel, wie durch konzentrierten Einsatz der Kräfte und enge Zusammenarbeit mit der UdSSR neue Rohstoffquellen erschlossen werden können. Mit Ausnahme der kleinen Lagerstätten in Thüringen gab es bei der Gründung der DDR keine Hinweise auf mögliche Entwicklungsrichtungen einer Erdöl-Erdgas-Erkundung. Dagegen existierten wissenschaftlich haltlose, aber teilweise sehr geschickt getarnte „Theorien" über die Aussichtslosigkeit des Aufbaus einer eigenen Erdöl-Erdgas-Industrie in der DDR.

In enger Zusammenarbeit mit sowjetischen Spezialisten gelang es jedoch, alle im Rahmen der Erdöl-Erdgas-Erkundung auftretenden ideologischen, fachlichen und organisatorischen Probleme erfolgreich zu lösen und die Erdölhöffigkeit des Territoriums der DDR zu beweisen. Besonders mit der Entdeckung der Lagerstätte Reinkenhagen und dem Nachweis der Erdöl-Erdgas-Führung im Raum der Niederlausitz und südlich von Berlin wurde deutlich, daß als höffig nicht nur kleine Gebiete oder bestimmte Horizonte im Mesozoikum, sondern der gesamte Nordteil der DDR und insbesondere auch die tiefer liegenden älteren Schichtenserien einzuschätzen sind. Besonders im zweiten Jahrzehnt des Bestehens der DDR wurden auf dieser Basis mit sowjetischer Unterstützung neue Erkundungsbetriebe aufgebaut, moderne Ausrüstungen zum Einsatz gebracht und ein Kollektiv erfahrener Bohrarbeiter, Techniker und Wissenschaftler herangebildet.

Damit wurden die Voraussetzungen für die Realisierung der der Geologie vom VI. und VII. Parteitag der SED gestellten Aufgaben geschaffen und eine eigene Erdöl-Erdgas-Industrie aufgebaut, die heute über eine klare Perspektive verfügt und in zunehmendem Maße Rohstoffe für die Energiewirtschaft und die chemische Industrie bereitstellt.

Auf dem Gebiet der Kohle bestand bald Klarheit darüber, daß auf dem Territorium der DDR keine größeren Steinkohlenlagerstätten nachgewiesen werden können. Mit um so größerer Intensität wurde daher die Braunkohlenerkundung vorangetrieben, um ein Maximum an Vorräten dieses Rohstoffs mit erstrangiger Bedeutung für die Energiewirtschaft und die chemische Industrie zu erschließen.

Neben der Erkundung von Lagerstätten in den „klassischen" Gebieten von Halle—Bitterfeld und südlich von Leipzig wurde dabei insbesondere die Untersuchung der vor 1945 kaum beachteten Lausitzer Braunkohlenreviere in Angriff genommen und dort die Grundlage für eine neue Energiebasis der DDR geschaffen. Solche Betriebe wie das Kombinat „Schwarze Pumpe" und die Großkraftwerke Lübbenau und Vetschau künden von den Erfolgen der Braunkohlenerkundung in diesem Raume. Die Braunkohlenvorräte der DDR betragen heute über 20 Mrd. Tonnen und sichern die Versorgung der bestehenden Betriebe auf viele Jahrzehnte hinaus.

Eine besondere Bedeutung hatte weiterhin die Erkundung von Kalisalzen, da diese bereits in verschiedenen Grubenrevieren auf dem Territorium der DDR abgebaut wurden und maßgebliche Bedeutung als Düngemittel für die Entwicklung der Landwirtschaft und für den Export hatten. Durch umfangreiche Erkundungsarbeiten gelang es, den Grubenbetrieben im Werra-, Südharz- und Unstrutgebiet eine sichere Vorratsbasis zu schaffen. Darüber hinaus konnte auf der Scholle von Calvörde, im Gebiet nördlich von Magdeburg, eine neue große Lagerstätte mit hochwertigen Kalisalzen nachgewiesen werden, so daß die DDR auch zukünftig in der Lage sein wird, ihren Bedarf voll zu decken und Düngemittel zu exportieren.

Die Erkundung von Eisenerzen war besonders darauf gerichtet, eine ausreichende Vorratsbasis für die Maxhütte Unterwellenborn und das Niederschachtofenwerk in Calbe zu sichern. Das gelang, neben der Erkundung der Lias-Eisenerze von Sommerschenburg—Badeleben, auf die bereits hingewiesen wurde, durch die Erweiterung der Vorräte und die Erkundung neuer Teillagerstätten in den ordovizischen Eisenerzen von Schmiedefeld und Wittmannsgereuth im Thüringer Schiefergebirge und den devonischen Eisenerzen des Harzes. Auf ihrer Grundlage erfolgte der Ausbau der schwarzmetallurgischen Industrie bis zu jenem Zeitpunkt, da die ökonomischen Gesetze des Sozialismus zu neuen Entwicklungslinien führten.

Im Nordteil der DDR wurde darüber hinaus eine große Lagerstätte mit mesozoischen Eisenerzen erkundet.

Auf dem Gebiet der Erkundung von Buntmetallerzen stand der Kupferschiefer im Vordergrund, für dessen umfassende Erkundung und Untersuchung umfangreiche Mittel aufgewendet wurden. In der Sangerhäuser Mulde konnte damit ein voller Ersatz für die auslaufenden Lagerstättenteile der Mansfelder Mulde geschaffen und den dort errichteten Schachtanlagen eine sichere Vorratsbasis gegeben werden. Damit wurde es möglich, die teilweise Versorgung der Volkswirtschaft der DDR mit Kupfer aus eigenen Ressourcen und die Gewinnung der im Kupferschiefer enthaltenen wertvollen Nebenkomponenten zu sichern.

Eine weitere große Kupferschieferlagerstätte wurde im Gebiet von Spremberg in der Niederlausitz erkundet.

Für die Entwicklung der Buntmetallurgie in der DDR waren für lange Zeit die Blei-Zink-Lagerstätten von Freiberg von Bedeutung, deren Vorräte durch ausgedehnte Erkundungsarbeiten immer wieder erweitert werden konnten. Eine Spitzenstellung nimmt nach wie vor die größte Zinnlagerstätte Mitteleuropas in Altenberg ein, aus der ein großer Teil des Zinnbedarfs der DDR gedeckt wird.

Gute Ergebnisse wurden auch bei der Erkundung von Flußspat und Schwerspat im Harz und Thüringer Wald erzielt, wo die Vorratsbasis der bestehenden Gruben ständig erweitert und damit eine wesentliche Voraussetzung für die langfristige Sicherung der Deckung des Bedarfs geschaffen wurde.

Auf dem großen Gebiet der Steine und Erden wurde eine Vielzahl von Objekten bearbeitet und in fast allen Bereichen, mit Ausnahme einiger Spezialrohstoffe, ausreichend Lagerstätten zur Deckung des Bedarfs der DDR erkundet. Diese bildeten die Grundlage für den Bau neuer Zementwerke, Kalkwerke, Betonwerke, Kaolingruben und anderer Betriebe, auf die hier nicht ausführlicher eingegangen werden soll.

Schließlich sei noch auf das Grundwasser hingewiesen, ebenfalls ein umfangreiches Gebiet, auf dem es gelang, zunächst durch Einzelgutachten und kleine hydrogeologische Objekte und später durch die komplexe Untersuchung großer Objekte die Deckung des ständig steigenden Wasserbedarfs der Industrie und der Bevölkerung unserer Republik zu sichern.

Diese kurze Übersicht über die Ergebnisse der geologischen Erkundung in der DDR kann nicht abgeschlossen werden ohne einen Rückblick auf die Entwicklung der ökonomischen Bewertung von Lagerstätten und des Wissenschaftszweiges der ökonomischen Geologie, wie er besonders von F. STAMMBERGER herausgearbeitet worden ist.

Von den ersten Vorratseinschätzungen bis zu den heute auf der Grundlage gesetzlicher Regelungen und ausführlicher Instruktionen der Zentralen Vorratskommission angefertigten Vorratsberechnungen wurde ein komplizierter Prozeß bewältigt.

Der seit Bildung der Zentralen Vorratskommission im Jahre 1956 zurückgelegte Weg ist vor allem deshalb so bedeutungsvoll, weil mit der theoretischen Bewältigung teilweise völlig neuartiger Probleme gleichzeitig ihre Einführung und Durchsetzung in der Praxis gesichert werden mußte. Nur auf diese Weise war es aber auch möglich, durch ständige Wechselwirkung zwischen Theorie und Praxis eine moderne Erkundungswissenschaft zu entwickeln und damit neue Maßstäbe für die Arbeit des Erkunders zu setzen.

Die auf dem Gebiet der ökonomischen Geologie geleisteten theoretischen und praktischen Arbeiten haben wesentlich dazu beigetragen, die Prinzipien des ökonomischen Systems des Sozialismus in die Geologie einzuführen und volkswirtschaftlich begründete Parameter für die ökonomische Bewertung des Rohstoffpotentials der DDR zu schaffen.

4. Zur Entwicklung der geologischen Forschung

Ein weiterer wichtiger Prozeß, der in den zurückliegenden beiden Jahrzehnten mit unterschiedlicher Intensität und auch mit inneren Widersprüchen verlief, war die Herausbildung eines den Schwerpunktaufgaben der geologischen Erkundung entsprechenden Profils der geologischen Forschung; einer Forschung, wie wir sie heute verstehen, gerichtet auf die komplexe Erforschung des Baus und der Gesetzmäßigkeiten in der geologischen Entwicklung des Territoriums der DDR, die Einschätzung seiner Lagerstättenhöffigkeit einschließlich der Erarbeitung von Lagerstättenprognosen und die Entwicklung effektiver Such- und Erkundungsmethoden.

In den Anfängen der systematischen geologischen Arbeit in unserer Republik war die Mehrheit der wissenschaftlichen Kapazität, wie bereits dargestellt wurde, auf die Lagerstättenerkundung konzentriert, um den Bedarf der Volkswirtschaft an Rohstoffen zu sichern, obwohl damit zwangsläufig eine weitere Einschränkung des ungenügenden wissenschaftlichen Vorlaufs verbunden war.

In den Jahren 1958/1959 waren jedoch objektiv die Bedingungen herangereift, um zu erkennen, daß der gesellschaftliche Auftrag der Geologie, Lagerstätten mit möglichst günstigen ökonomischen Parametern zu suchen und zu erkunden, nicht mehr ohne tiefgründige wissenschaftliche Arbeit gelöst werden kann.

Als eine der wichtigsten Aufgaben wurde damals, wie bereits erwähnt, die Entwicklung einer systematischen „Tiefenkartierung" angesehen; mit den Kartierungsabteilungen entstanden die ersten echten Forschungsbereiche.

Der entscheidendste Schritt war die Bildung des Zentralen Geologischen Instituts und des Forschungsinstituts für die Erkundung und Förderung von Erdöl und Erdgas. In der Aufgabenstellung für das Zentrale Geologische Institut heißt es z. B.:

„Das ZGI hat durch die Herstellung von Prognosekarten, durch systematische Entwicklung der Erkundungsmethodik, durch Erarbeitung technisch-ökonomischer Kennziffern für Kartierungs- und Erkundungsarbeiten, durch die Lösung spezieller geologischer und geochemischer Probleme und den Ausbau der wissenschaftlichen Dokumentation die Voraussetzungen für eine zielgerichtete komplexe Forschung zur Schaffung des wissenschaftlichen Vorlaufs zu erarbeiten."

Auf dem Gebiet der Erforschung der Gesetzmäßigkeiten des regionalen geologischen Baues und der Erdöl-Erdgas-Führung wurde begonnen, in den Erkundungsbetrieben, im Forschungsinstitut Gommern und im Zentralen Geologischen Institut eine Analyse der regionalen erdölgeologischen Verhältnisse auf dem Territorium der DDR, insbesondere des Nordteils, vorzunehmen. Besondere Aufmerksamkeit wurde dabei zunächst der Erarbeitung lithologisch-paläogeographischer Karten sowie der Durchführung geochemischer Untersuchungen zur Einschätzung der Erdöl-Erdgas-Höffigkeit geschenkt. Im Zeitraum 1966/1967 wurden diese Aufgaben weiter profiliert und insbesondere auch die Notwendigkeit einer modernen tektonischen und paläotektonischen Analyse unter erdölgeologischen Aspekten herausgearbeitet.

Die Einbeziehung aller an diesen Forschungsaufgaben beteiligten wissenschaftlichen Kapazitäten innerhalb des Staatssekretariats für Geologie in sozialistischer Gemeinschaftsarbeit auf der Grundlage eines komplexen Forschungsprojekts bei gleichzeitiger Entwicklung einer engen Gemeinschaftsarbeit mit Forschungseinrichtungen der Deutschen Akademie der Wissenschaften und der Hochschulen sowie die enge Einbeziehung sowjetischer Forschungsinstitutionen führte schließlich dazu, daß im 20. Jahr des Bestehens der DDR eine modernen Ansprüchen genügende Einschätzung der Erdöl-Erdgas-Höffigkeit als Grundlage für die Festlegung der Richtung weiterer Such- und Erkundungsarbeiten vorgelegt werden konnte. Diese Zusammenarbeit enthielt bereits Elemente der sozialistischen Großforschung und hat sich eindeutig als der Weg erwiesen, auf dem durch Konzentrierung aller Kräfte auf die Hauptaufgaben die Erzielung von Höchst- und Spitzenleistungen in der geologischen Forschung möglich ist.

Auf dem Sektor der festen mineralischen Rohstoffe hat die Erarbeitung von Lagerstättenprognosen maßgeblich dazu beigetragen, die wissenschaftlichen Kapazitäten auf die volkswirtschaftlichen Erfordernisse zu konzentrieren und klare Vorstellungen über die Rohstoffbasis der DDR zu schaffen. Die Arbeit mit den Lagerstättenprognosen zeigte aber auch deutlich, welche Grenzen der Einschätzung des Rohstoffpotentials gesetzt sind, wenn nicht durch eine eingehende metallogenetische Analyse der erforderliche wissenschaftliche Vorlauf geschaffen wird. Im Zentralen Geologischen Institut wurden daher in den letzten Jahren systematisch weitere Teile des Forschungspotentials unter Einbeziehung von Kräften des VEB Geologische Forschung und Erkundung auf die Metallogenie konzentriert. Es wurde begonnen, vor allem die variszisch konsolidierten Gebiete im Südteil der DDR einer eingehenden Analyse der zeitlich-strukturellen Entwicklung und der stofflichen Beziehungen zu unterziehen, um daraus in den kommenden Jahren Schlußfolgerungen über die Möglichkeiten des Nachweises herkömmlicher und neuer mineralischer Rohstoffe abzuleiten.

Diese Beispiele aus Schwerpunktbereichen sollen genügen, um zu zeigen, wie systematisch an der Herausarbeitung des den volkswirtschaftlich strukturbestimmenden Aufgaben entsprechenden Profils der Forschung gearbeitet wurde. Dabei sind neue Laboratorien und Dienstgebäude entstanden oder die vorhandenen gründlich renoviert worden. Abb. 3 und 4 zeigen als äußeren Ausdruck der Wandlung das Dienstgebäude des Staatssekretariats für Geologie und des Zentralen Geologischen Instituts im Jahre 1948 und heute.

5. Zur Entwicklung der internationalen Zusammenarbeit

Während der 20jährigen Entwicklung der geologischen Forschung und Erkundung in der DDR haben sich enge freundschaftliche Beziehungen zu den geologischen Institutionen in den sozialistischen Ländern herausgebildet.

Neben der ständigen wissenschaftlichen und materiellen Unterstützung durch die UdSSR, die in der Erdöl-Erdgas-Forschung und -Erkundung durch den Einsatz sowjetischer Spezialisten und moderner sowjetischer Ausrüstungen wirksam wurde, haben sich enge Beziehungen der direkten Zusammenarbeit zwischen den Forschungsinstitutionen beider Länder entwickelt. So dient z. B. die Zusammenarbeit zwischen dem Forschungs-

Abb. 3. Durch Kriegseinwirkung stark zerstörtes Dienstgebäude der Geologischen Landesanstalt im Jahre 1948

Abb. 4. Dasselbe Gebäude heute, Sitz des Staatssekretariats für Geologie und des Zentralen Geologischen Instituts

institut in Gommern und dem WNIGNI in Moskau oder dem Zentralen Geologischen Institut in Berlin und dem WSEGEI in Leningrad direkt der gemeinsamen Lösung von Forschungsaufgaben.

Auch zu den zentralen staatlichen Organen der Geologie in der VR Polen, der ČSSR und der UVR und ihren Instituten und Betrieben haben sich direkte Beziehungen entwickelt, die mehr und mehr in die Form der arbeitsteiligen Lösung gemeinsam interessierender Probleme übergehen.

Nach der Bildung der Ständigen Kommission für Geologie im Rat für Gegenseitige Wirtschaftshilfe im Jahre 1962 hat auch die multilaterale Zusammenarbeit der sozialistischen Länder auf dem Gebiet der Geologie feste Formen angenommen. Aus ihr ergeben sich vielfältige Impulse und Anregungen für die geologische Arbeit in der DDR.

6. Zur weiteren Entwicklung der geologischen Forschung und Erkundung in der DDR

An der Schwelle des dritten Jahrzehnts der Deutschen Demokratischen Republik können die Wissenschaftler, Ingenieure, Ökonomen und alle Werktätigen der geologischen Forschung und Erkundung auf eine Reihe von Erfolgen zurückblicken, mit denen sie zur Entwicklung der sozialistischen Volkswirtschaft der DDR beigetragen haben, gleichzeitig stehen sie jedoch auch vor neuen komplizierten Aufgaben.

Die Geowissenschaftler der DDR werden ihren gesellschaftlichen Auftrag weiter erfolgreich realisieren und durch die Vergrößerung des Rohstoffpotentials der DDR und durch die Erweiterung des wissenschaftlichen Vorlaufs für die Nutzung neuer Rohstoffe und bisher nicht oder nur ungenügend in Anspruch genommener Erdeigenschaften ihren Beitrag zur Entwicklung des ökonomischen Systems als Kernstücks des gesellschaftlichen Systems des Sozialismus leisten.

Es ist nicht möglich, an dieser Stelle einen ausführlichen Beitrag über die vor uns stehenden Anforderungen und ihre Realisierung zu geben, hier können nur einige grundsätzliche Fragen kurz angedeutet werden.

Die 9. und 10. Tagung des Zentralkomitees der SED haben den Weg zur Verwirklichung der Beschlüsse des VII. Parteitages gewiesen. Für die geologische Forschung und Erkundung bestehen die Hauptaufgaben jetzt darin,

die wissenschaftlich-technischen Kapazitäten noch stärker auf die Lösung der volkswirtschaftlich strukturbestimmenden Schwerpunktaufgaben, insbesondere den Aufbau der eigenen Erdöl- und Erdgasindustrie zu konzentrieren und dabei

die einheitliche Planung und straffe Leitung der notwendigen wissenschaftlich-technischen Arbeiten von der Forschung bis zur Förderung und zur Verwertung des Erdöls und Erdgases entsprechend den Prinzipien der sozialistischen Großforschung zu sichern sowie

in allen anderen Bereichen, auf dem Gebiet der festen mineralischen Rohstoffe, der Hydro-, Ingenieur- und Bodengeologie, die Kräfte so zu organisieren, daß eine Konzentrierung auf die volkswirtschaftlich wichtigen Schwerpunkte und die schnelle und effektive Durchführung aller Arbeiten gesichert werden.

Der geowissenschaftlichen Forschung selbst, die künftig in noch stärkerem Maße die wissenschaftlichen Kapazitäten im Bereich des Staatssekretariats für Geologie, der geowissenschaftlichen Sektionen und Bereiche an den Hochschulen sowie die Forschungseinrichtungen der Deutschen Akademie der Wissenschaften vereinigt und die immer mehr auch zur internationalen Kooperation übergehen wird, erwachsen hohe Verpflichtungen zur Schaffung des wissenschaftlichen Vorlaufs für den Nachweis neuer mineralischer Rohstoffe der verschiedensten Art und die erweiterte Nutzung der Erdeigenschaften. Dabei werden künftig Gebiete, die heute noch einen kleinen Arbeitsumfang haben, wie z. B. die Gewinnung von Metallen aus Rohstoffen mit geringen Gehalten, die untertägige Speicherung von Rohstoffen und Abbauprodukten oder die Erforschung der mineralischen Ressourcen des Meeresgrundes, immer stärker in den Vordergrund rücken. Wesentlich höhere Anforderungen werden künftig auch an die Entwicklung der geophysikalisch-geochemischen Untersuchungsverfahren und -methoden gestellt, insbesondere hinsichtlich der Anwendung neuer Ergebnisse und Erkenntnisse der Physik und der Chemie, sowie die komplexe Interpretation ihrer Ergebnisse.

Im Mittelpunkt steht auf allen Gebieten die Forderung, durch qualitative Weiterentwicklung der Planung, Leitung und Organisation der wissenschaftlich-technischen Arbeit in Übereinstimmung mit den Erfordernissen des ökonomischen Systems des Sozialismus die Voraussetzungen für die Gestaltung einer modernen Wissenschaftsorganisation und für die Erzielung von Pionier- und Spitzenleistungen zu schaffen. Das bedeutet vor allem:

die Anwendung der marxistisch-leninistischen Organisationswissenschaften, insbesondere der Operationsforschung, zur Analyse und optimalen Gestaltung der in der geologischen Forschung und Erkundung ablaufenden Prozesse,

die Einführung und Anwendung der elektronischen Datenverarbeitung bei der Planung, Leitung und Abrechnung der geologischen Forschung und Erkundung,

die Entwicklung eines durchgängigen Bildungssystems, in dessen Rahmen alle Werktätigen des Wirtschaftsbereichs, insbesondere aber die Geowissenschaftler, in einen ständigen Qualifizierungsprozeß und die Vermittlung der Kenntnisse des Welthöchststandes auf dem Gebiet der geologischen Forschung und Erkundung einbezogen werden.

Auf dieser Grundlage wird es möglich sein, bei der Lösung der strukturbestimmenden Hauptaufgaben und der Bearbeitung weiterer Aufgaben, die sich aus der Prognose des Gesamtbereichs Geologie ergeben, neue große Erfolge zu erzielen.

Literatur

BOCHMANN, M.: Eine neue Etappe in der geologischen Forschung und Erkundung der DDR. – Z. angew. Geol., 13, S. 393–394, Berlin 1967.

– Festansprache zur Eröffnung der 15. Jahrestagung der Deutschen Gesellschaft für Geologische Wissenschaften. – Ber. dt. Ges. geol. Wiss., A, 13, S. 427–437, Berlin 1968.

HETZER, H.: Die nächsten Aufgaben der Geologie bei der Entwicklung der nationalen Wirtschaft der Deutschen Demokratischen Republik. – Bergakademie, 15, S. 629–634, Leipzig 1963.

STAMMBERGER, F.: Drei wichtige Aufgaben der Geowissenschaftler in der DDR. – Z. angew. Geol., 8, S. 281–284, Berlin 1962.

– Grundfragen der ökonomischen Geologie. – Akademie-Verlag, Berlin 1966.

– Die prognostische Entwicklung der Beziehungen zwischen Geologie und Ökonomie. – Ber. dt. Ges. geol. Wiss., A, 13, S. 481–492, Berlin 1968.

TISCH, H.: Klare Perspektive für junge Erdölindustrie. – „Neues Deutschland" vom 9. 2. 1964.

ULBRICHT, W.: Das Programm des Sozialismus und die geschichtliche Aufgabe der Sozialistischen Einheitspartei Deutschlands. – Dietz Verlag, Berlin 1963.

Erste ökonomische Konferenz der Staatlichen Geologischen Kommission am 4. 11. 1958 in Leipzig. – Z. angew. Geol., 5, S. 49–53, Berlin 1959.

Weiter wurde Material verwendet, das 1960/1961 von Prof. Dr. ERICH LANGE zusammengestellt worden war.

Zu Problemen der Metallogenie in der Deutschen Demokratischen Republik

I. Die metallogenetische Rayonierung des Territoriums der DDR

GERHARD TISCHENDORF, SIEGFRIED LÄCHELT & JOHANNES RENTZSCH, Berlin

(Mitteilung aus dem Zentralen Geologischen Institut)

Metallogenetische Forschungen und Untersuchungen haben im System der Prognose-, Such- und Erkundungsarbeiten der letzten Jahre zunehmende Bedeutung erlangt. Obwohl die Bearbeitung spezieller metallogenetischer Fragestellungen in der DDR bereits etwa 1960 eingesetzt hat, mangelt es uns auch gegenwärtig noch an Erfahrung über die Behandlung konkreter Probleme, über die Methodik, über die Prinzipien der Auswertung entsprechender Daten u. a. Zur Stimulierung einer progressiven Entwicklung der metallogenetischen Arbeiten sollten neue Ergebnisse und herangereifte Probleme in dieser Zeitschrift veröffentlicht und zur Diskussion gestellt werden. Der vorliegende Artikel stellt den Beginn einer zeitlich zwanglos erscheinenden Serie „Zu Problemen der Metallogenie in der Deutschen Demokratischen Republik" dar, die aus Arbeiten der metallogenetisch orientierten Abteilungen des Zentralen Geologischen Instituts bestritten werden wird.

G. TISCHENDORF

Die metallogenetischen Denk- und Arbeitsprinzipien sind, zumindest in ihren Initialformen, bereits in einer Reihe von Arbeiten deutscher Geologen des vorigen und zu Anfang dieses Jahrhunderts zu erkennen, so z. B. bei COTTA, STELZNER, GRODDECK, DALMER, POMPECKJ und BECK. Dies ist zweifellos mit darauf zurückzuführen, daß die genannten Lagerstättenforscher bei ihren Untersuchungen und Interpretationen in erster Linie die geologische Position der Lagerstätten berücksichtigen. Mit der stärkeren Einbeziehung physikochemischer Parameter in die Deutung und Erläuterung lagerstättenbildender Prozesse (NIGGLI, SCHNEIDERHÖHN) trat die Tendenz auf, die Lagerstätte relativ isoliert und ohne Zusammenhang mit dem geologischen Rahmen zu betrachten. In dieser Periode, die zweifellos noch nicht überwunden ist, wurde und wird die Lagerstätte oft wohl in ihren einzelnen Bestandteilen subtil (mineralogisch, geochemisch, isotopengeochemisch u. a.) untersucht, die Beziehungen zum geologischen Rahmen und insbesondere zur historischen Entwicklung des geologischen Rahmens werden aber häufig vernachlässigt. Der Realität nicht entsprechende genetische Einstufungen und eine falsche Einschätzung einer lagerstättenökonomischen Situation können die Folge sein.

Eingang des Manuskripts in der Redaktion: 8. 5. 1969.

Eine neue Periode der bewußten Anwendung metallogenetischer Prinzipien wurde durch S. S. SMIRNOW, J. A. BILIBIN und N. M. STRACHOW eingeleitet. Wesentliche Beiträge aus geologisch-tektonischer Sicht leisteten H. STILLE, W. W. BELOUSOW und W. E. CHAIN.

Auf dem Gebiet der DDR wurden nach 1950, z. T. bedingt durch mangelnde Zusammenarbeit rein geologisch und rein mineralogisch orientierter Hochschulinstitute, spezielle metallogenetische Forschungen nur zaghaft und sporadisch durchgeführt. Angeregt besonders durch die sowjetischen Erfolge ist in der DDR erst in den letzten Jahren die Bedeutung metallogenetischer Fragestellungen voll erkannt worden. Ergebnisse derartiger allgemeiner oder spezieller metallogenetischer, häufig allerdings nur auf ein Element oder eine Erzformation bezogener Untersuchungen wurden z. B. von BAUMANN (1958, 1965), DETTE (1961), DÖRNFELD (1967), Autorenkollektiv (1968), FREESE & JUNG (1965), HOTH & LORENZ (1966), KAUTZSCH (1964), LORENZ & HOTH (1967), MOENKE (1960), OELSNER (1952, 1958), REH (1965), RENTZSCH (1964), RENTZSCH & KNITZSCHKE (1968), RÖSLER (1962), TISCHENDORF (1966, 1968) sowie WERNER (1966) publiziert.

Über diese meist mineralspezifischen Arbeiten hinaus existieren wenige regionale metallogenetische Abhandlungen, z. B. von CHRT & BOLDUAN (1966), CHRT u. a. (1968), KAUTZSCH (1967), REH (1962) sowie TISCHENDORF u. a. (1965), die Teile des Südens der DDR und dessen Lagerstätten behandeln. Obwohl der Trend, die spezifisch metallogenetische Problematik zu behandeln, unverkennbar ist, bleibt bei einigen der zuletzt genannten Arbeiten, z. T. wegen zu geringer Berücksichtigung der geologischen Position der Mineralisationen, eine Reihe von Fragen offen.

Im Kreis der metallogenetischen Untersuchungen der letzten Jahre nimmt die metallogenetische Analyse des Erzgebirges, des Thüringer Schiefergebirges und des Thüringer Waldes durch ein sowjetisch-deutsches Kollektiv der SDAG Wismut (LÖTZSCH 1968) eine besondere Position ein. In dieser Arbeit wird erstmalig eine regionale metallogenetische Analyse auf geologisch-tektonischer Grundlage gegeben.

Die künftigen allgemeinen Aufgaben der Metallogenie (Minerogenie) haben kürzlich BAUMANN u. a. (1968) skizziert.

1. Allgemeine Aufgaben und Zielstellung der Metallogenie

Die Metallogenie ist die Wissenschaft von den Entstehungsursachen und den Entstehungsbedingungen natürlicher mineralischer Rohstoffe, von den Gesetzmäßigkeiten ihrer räumlichen Verbreitung und des zeitlichen Ablaufs ihrer Bildung unter Berücksichtigung des Werdegangs der sie umgebenden Gesteinskomplexe.

Die metallogenetische Arbeitsweise besteht darin, die Zusammenhänge zwischen den nutzbaren Teilen der Erdkruste, den Lagerstätten, als den aus volkswirtschaftlicher Sicht besonderen geologischen Erscheinungen und den übrigen Teilen der Erdkruste und z. T. auch des Erdmantels, den Gesteinen im weitesten Sinne, als den allgemeinen geologischen Erscheinungen, zu analysieren und zu modellieren, um aus diesen Erkenntnissen die Strategie künftiger Prognose-, Such- und Erkundungsarbeiten abzuleiten.

In die metallogenetischen Untersuchungen fließen Erkenntnisse und Ergebnisse aller geologischen Disziplinen ein: tektonisch-strukturell-geophysikalische (Gefügeanalyse), mineralogisch-petrographisch-geochemische (Stoffanalyse) und stratigraphisch-historisch-chronologische (Zeitanalyse). Die Metallogenie ist somit eine viele geologische Teildisziplinen integrierende Wissenschaft, deren Vorzug in der komplexen Betrachtungsweise liegt. Die besondere Aufgabe metallogenetischer Arbeiten ist darin zu sehen, aus den zahlreichen geologischen Daten und Erkenntnissen diejenigen Erscheinungen zu filtrieren, die für die Bildung eines bestimmten nutzbaren Rohstoffes kritisch sind, d. h. als wesentlich oder sogar unabdingbar angesehen werden müssen. Die Summe dieser Erscheinungen wird in dem aus drei Teilen bestehenden System metallogenetischer Faktoren und Indikatoren (regional erzkontrollierende Faktoren, lokal erzkontrollierende Faktoren, Erzindikatoren) erfaßt (siehe TISCHENDORF 1968), welches als Grundlage von Prognose -und Sucharbeiten dient.

Eine der wichtigsten Methoden in der Metallogenie ist die Formationsanalyse.

Eine Formation ist eine natürliche Gesteins- bzw. Mineralassoziation, deren Teile paragenetisch miteinander verbunden sind, sich unabhängig von ihrer zeitlichen Bildung durch gleichen oder ähnlichen Stoffbestand auszeichnen und auf Grund eines bestimmten tektonischen Regimes unter bestimmten paläogeographisch-klimatischen bzw. physikochemischen Bedingungen gebildet wurden.

Natürliche Gesteinsassoziationen (Formationen) im definierten Sinn stellen eine bestimmte Kombination von Merkmalen dar, die in ihrer Gesamtheit einen historisch-geologischen Entwicklungsabschnitt repräsentieren. Stratigraphische Grenzen sedimentärer oder sedimentär-vulkanogener Komplexe können mit Formationsgrenzen zusammenfallen. Häufig setzen jedoch Formationsgrenzen durch die stratigraphischen Markierungen hindurch. Formationen stellen gegenüber stratigraphischen Komplexen somit Elemente einer anderen, unter metallogenetischen Aspekten betrachtet, höheren Ordnung dar.

Nach der Definition wird bei der Ausscheidung von Formationen vom Zeitfaktor abgesehen. Das schließt nicht aus, daß ergänzend gleichfalls die Bildungszeit, z. B. paläozoisch, mesozoisch, oder eine bestimmte Bildungsetappe, z. B. frühgeosynklinal u. ä., ausgewiesen wird. Dies bleiben dennoch nur Ergänzungen für eine speziellere Zuordnung einer Formation. Für die Ausscheidung derselben sind sie nicht entscheidend. Da die Formationsausscheidung der metallogenetischen Analyse dienen soll, müssen zu ihrer Kennzeichnung solche Merkmale gewählt werden, die den Charakter der Bildungsprozesse wiedergeben, so z. B. die Art der tektonischen Bewegungen (Hebungen, Senkungen), der Komagmatismus u. a.

Wir gebrauchen den Begriff Formation in umfassendem Sinne, d. h. gleichermaßen bezogen auf sedimentäre, sedimentär-vulkanogene, sowie auf magmatogene oder Erzbildungen. Das Wesen der Formationsanalyse liegt darin begründet, die geologischen Bildungen in ihrer paragenetischen Verbundenheit und gleichzeitig ihrer gegenseitigen Bedingtheit zu sehen. Erzbildungen, gleichgültig, ob magmatogen, sedimentogen oder metamorphogen, stellen in diesem Zusammenhang entweder Teile von Formationen oder selbständige Formationen dar. Die Anwendung der Formationsanalyse gestattet, die inneren Gesetzmäßigkeiten der zu untersuchenden Gesteins- bzw. Mineralkomplexe zu erkennen. Sie ist damit eine wichtige Grundlage der Lagerstättenprognose.

2. Die geologisch-tektonische Entwicklung als Grundlage metallogenetischer Arbeiten

Grundlage der metallogenetischen Arbeitsweise ist die Erkenntnis, daß die Bildung von Mineralisationen oder Lagerstätten nur aus der Entwicklung, d. h. der geologischen Geschichte des betreffenden Gebietes bzw. der geologischen Einheit (Formation u. a.), verstanden und erklärt werden kann. In der Vergangenheit wurde insbesondere der Zusammenhang zwischen dem magmatisch-tektonischen Regime und endogenen Lagerstätten, d. h. die Metallogenie von Geosynklinal-Faltengebieten, analysiert.

Die Beziehungen zwischen der magmatisch-tektonischen Entwicklung eines Gebietes (Geosynklinalstadium, Übergangsstadium, Tafelstadium), den in den einzelnen Stadien auftretenden Magmatiten und Sedimenten und den an diese gebundenen Lagerstätten wurden in ihren Grundzügen von H. STILLE, S. S. SMIRNOW und Ju. A. BILIBIN erkannt und dargestellt. Die von ihnen aufgestellten allgemeinen Prinzipien sind anerkannt. Die gefundenen Gesetzmäßigkeiten können als Kriterien bei der Suche nach perspektiven Gebieten angewendet werden. In der Sowjetunion erfolgte eine weitere Durchdringung dieser Problematik besonders in der Verwendung der regionalen Metallogenie als strategischer Grundlage für die Lagerstättensuche (W. I. SMIRNOW 1966, 1967).

Da die metallogenetischen Besonderheiten des Territoriums der DDR zu einem bedeutenden Teil auf die Entwicklung des varistischen Geosynklinal-Faltengebietes zurückgeführt werden können, seien im folgenden einige diesbezügliche geologisch-tektonische Bedingungen und die daraus resultierenden metallogenetischen Auswirkungen dargestellt.

W. I. SMIRNOW unterscheidet im Prinzip zwei Hauptgruppen von Faltengebieten:

1. solche mit Vorherrschen eines femischen Magmatismus und

2. solche mit einem Vorherrschen eines sialischen Magmatismus.

Der femische Typ (z. B. varistische Uralgeosynklinale) ist dadurch charakterisiert, daß im Frühstadium des Geosynklinalzyklus intensiver Magmatismus (ultrabasische und basische Intrusionen und Effusiva, natronreiche alkalische Differentiate) und zahlreiche daran geknüpfte Lagerstätten (z. B. Pt, Cr, Ti, Fe) auftreten, während sowohl das Mittel- als auch das Spätstadium als magmatit- und damit auch als lagerstättenarm anzusprechen ist.

Der sialische Typ hingegen (z. B. varistische Fergana-Kokschal-Geosynklinale des Südtienschan) ist dadurch gekennzeichnet, daß der basische Magmatismus im Frühstadium ungewöhnlich schwach ist und praktisch keine Bedeutung für die Bildung endogener Lagerstätten hat. Im Mittel- und besonders im Spätstadium treten im Gegensatz dazu große Batholithkörper und eine große Anzahl kleiner saurer Intrusionen auf, an die relativ viele Lagerstätten (z. B. Sn, W, Li, Be) geknüpft sind.

Das mitteleuropäische Geosynklinal-Faltengebiet, das einen Großteil des Gebietes der DDR metallogenetisch prägt, zeichnet sich insofern aus, als durch die Existenz der Kristallinzone der Mitteldeutschen Schwelle die Einsenkung und damit die Geosynklinalsedimentation entscheidend beeinflußt wurden. Die Mitteldeutsche Schwelle teilt als intrageosynklinale Schwelle (Intrageoantiklinale im Sinne von BELOUSOW) den varistischen Geosynklinalraum in einen nördlichen Trog (Rhenischer Trog) und einen südlichen (Thuringischer Trog). Beide Tröge weisen bez. Sedimentation und Magmatismus unterschiedliche Entwicklung auf. Die Unterschiede in der Sedimentation drücken sich vor allem in den Sedimentationsraten aus. So ist der Rhenische Trog durch eine höhere Sedimentationsrate gekennzeichnet als der Thuringische. Darüber hinaus ist bemerkenswert, daß der Rhenische Trog im Gegensatz zum Thuringischen eine polare, d. h. eine die Hauptfaltung betreffende, in NW-Richtung zeitlich fortschreitende Entwicklung aufweist. In bezug auf den Magmatismus zeichnet sich der Rhenische Trog durch ein relativ starkes Auftreten initialer basischer Magmatite mit entsprechenden oxydischen und sulfidischen Geosynklinallagerstätten (Elbingeröder Komplex, Lahn–Dill-Gebiet, Oberharzer Diabaszug, Rammelsberg, Meggen) aus. Im Thuringischen Trog existieren diese Bildungen gleichfalls, jedoch nicht in dieser prägnanten Form. Umgekehrt dominiert hier der mittel- bis spätorogene sialische Magmatismus (Erzgebirge, Thüringer Wald, Nordwestsachsen) mit einer ausgeprägten Lagerstättenbildung der in granitoiden Magmen angereicherten Elemente.

In der Literatur wurde bereits mehrfach darauf hingewiesen, daß nicht jeder Geosynklinalabsenkung notwendigerweise eine dazugehörige Faltung folgen muß. So ist denkbar, daß eine frühere (z. B. kaledonische) Geosynklinale in eine nachfolgende (z. B. varistische) übergeht, wie dies KÖLBEL (1968) ähnlich für das Territorium der DDR skizzierte. Hierbei setzt eine relativ frühe, wenn auch geringe Geosynklinalschüttung ein, deren Intensität durch eine nachfolgende „aktivere" Geosynklinalentwicklung geändert wird, die dann „normal" mit Auffaltung und Postfaltungstektonik abschließt.

Bei der Charakterisierung einer Geosynklinale muß unbedingt auch das zeitliche Wandern der einzelnen Entwicklungsetappen berücksichtigt werden. Das bedeutet z. B., daß die gleiche Entwicklungsetappe an einer Stelle früher als an einer anderen beginnen und enden kann. Damit ist gleichzeitig angedeutet, daß sich Teile eines Geosynklinal-Faltengebietes zu gleichen Zeiten metallogenetisch unterschiedlich entwickeln können.

Zusammenfassend kann gesagt werden, daß der Rhenische Trog der varistischen Geosynklinale durch eine hohe Sedimentationsrate, eine polare Entwicklung der Faltung und einen Magmatismus mit stärker femischem Charakter ausgezeichnet ist, während im Thuringischen Trog eine geringere Sedimentationsrate, eine nichtpolare Entwicklung der Faltung sowie ein Magmatismus mit stärker sialischen Zügen vorherrschen. Diese unterschiedliche Entwicklung der Geosynklinaltröge, die den metallogenetischen Charakter der betreffenden Gebiete prägt, muß noch detaillierter untersucht und der Einschätzung der Perspektive der regionalen metallogenetischen Einheiten zugrunde gelegt werden.

3. Die metallogenetische Rayonierung des Territoriums der DDR

3.1. Prinzipien der Rayonierung

Unter „metallogenetischer Rayonierung" verstehen SCHATALOW u. a. (1966) „die Ausscheidung erzführender Flächen verschiedener Größe sowie deren weitere Unterteilung". Es scheint richtig zu sein, die metallogenetische Rayonierung nicht nur auf „erzführende" Flächen zu beziehen, also auf positive Anomalien im geochemischen Sinn, sondern auch auf „nichterzführende", d. h. auf negative Anomalien. Die Kenntnis beider Flächen- bzw. Gebietstypen setzt den Geologen in die Lage, besser als bei nur einseitiger Betrachtung die Abhängigkeit der Erzführung oder der Sterilität von den Besonderheiten der geologisch-tektonischen Entwicklung zu erkennen.

Die Prinzipien der metallogenetischen Rayonierung wurden im wesentlichen durch sowjetische und französische Wissenschaftler (siehe SCHATALOW u. a. 1966) ausgearbeitet. Wir folgen ihren Vorschlägen mit geringen Änderungen. Die Bezeichnung der metallogenetischen Einheiten hängt einerseits von ihrer Größe, andererseits von ihrer Form ab, wobei bei letzterer zwischen ± linear und ± isometrisch unterschieden wird. Die von uns verwendeten Prinzipien der Klassifikation der metallogenetischen Einheiten sind der Tabelle zu entnehmen.

Tabelle

Größe der metallogenetischen Einheit	Form der metallogenetischen Einheit ± linear	± isometrisch
planetar, subplanetar } $n \cdot 10^5 \ldots n \cdot 10^6 km^3$	Gürtel	Provinz
regional		
1. Ordnung $n \cdot 10^4 km^2$	Zone	
2. Ordnung $n \cdot 10^3 km^2$	Subzone	Subprovinz
lokal		
1. Ordnung $n \cdot 10^2 km^2$	Erzbezirk	
2. Ordnung $n \cdot 10^1 km^2$	Erzrevier	
3. Ordnung $n \cdot 10^0 km^2$	Lagerstätte bzw. Vorkommen	

Wir sind mit SCHATALOW einer Meinung, daß im konkreten Fall nicht immer alle (in der Tabelle angeführten) metallogenetischen Einheiten auftreten. Auch braucht die Subordination nicht immer der in der Tabelle vorgelegten Reihenfolge zu entsprechen. In der Regel tritt bei der Unterteilung jedoch ein Alternieren zwischen ± linear und ± isometrisch ausgebildeten metallogenetischen Einheiten auf. Eine Ausnahme bildet im vorliegenden Fall z. B. die Unterteilung der Saxothuringischen metallogenetischen Zone in mehrere Subzonen; wobei beide Größenordnungen zu den linear gestreckten gehören. Bei den lokalen metallogenetischen Einheiten (Erzbezirk, Erzrevier, Lagerstätte bzw. Vorkommen) werden keine unterschiedlichen Formen ausgehalten.

Da für die metallogenetische Bewertung eines Gebietes dessen geologisch-tektonische Entwicklung maßgebend ist, hat für die Festlegung der Grenzen metallogenetischer Einheiten, d. h. für die Rayonierung, einerseits das Ausscheiden von (zeitlich begrenzten) geologisch-tektonischen Etagen, die als metallogenetische Stockwerke bezeichnet werden sollen, und andererseits das Ausscheiden ihrer wichtigsten geologisch-tektonischen Bauelemente prinzipielle Bedeutung.

Unter einem metallogenetischen Stockwerk soll eine geologisch-tektonische Etage (Strukturetage) verstanden

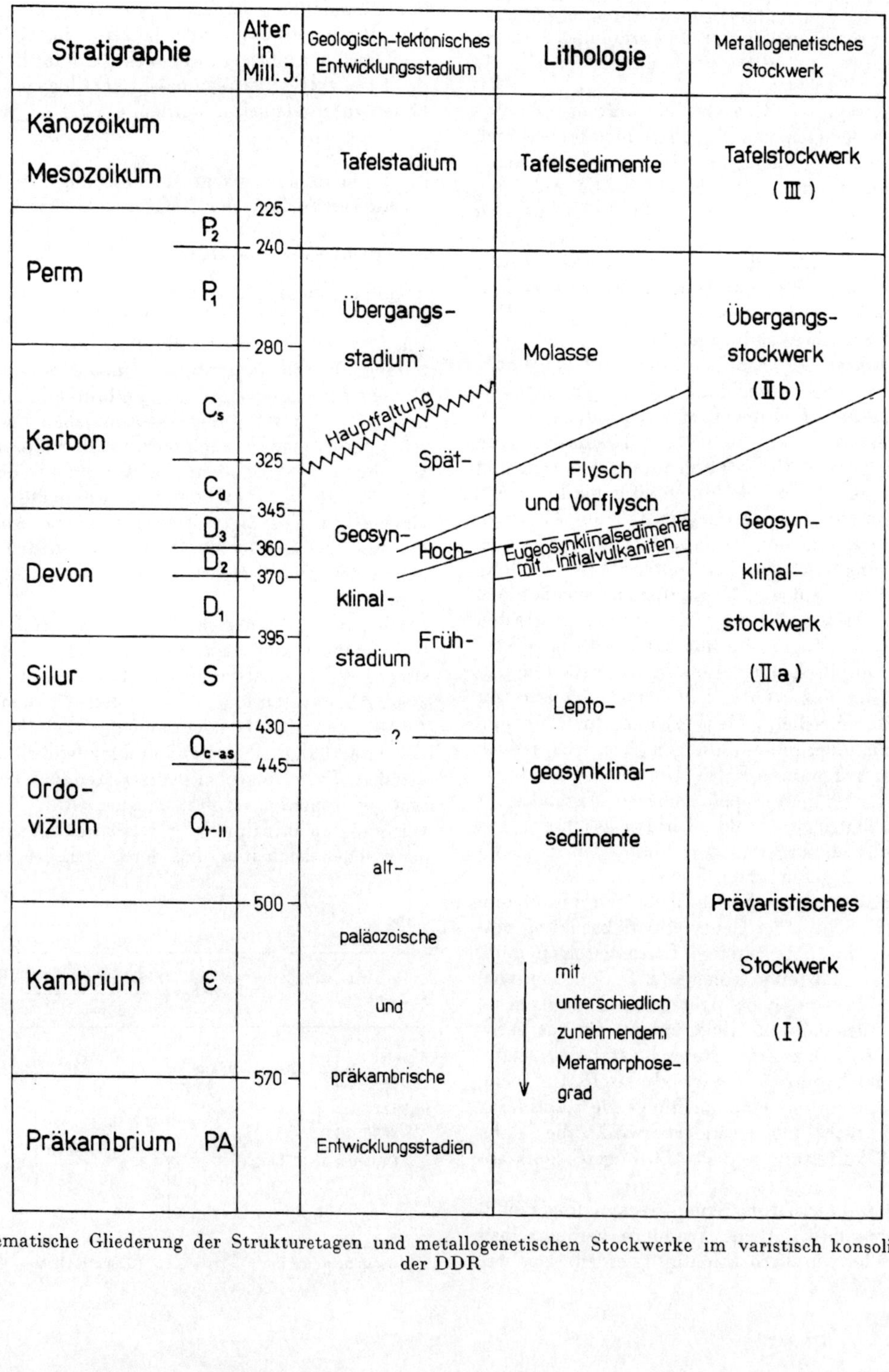

Abb. 1. Schematische Gliederung der Strukturetagen und metallogenetischen Stockwerke im varistisch konsolidierten Teil der DDR

werden, die auf Grund eines bestimmten geologisch-tektonischen Regimes gebildet wurde, deren Gesteine bzw. Formationen eine bestimmte Lithologie aufweisen und infolgedessen durch eine bestimmte metallogenetische Spezialisierung ausgezeichnet sind.

Einen Vorschlag über das Ausscheiden von metallogenetischen Stockwerken für das Territorium der DDR bringt Abb. 1. Bei der Erarbeitung dieses Vorschlages[1]) wurde davon ausgegangen, daß für das (zeitliche) Abgrenzen metallogenetischer Stockwerke nur die generellen Entwicklungstendenzen bzw. wirklich prägnante Wechsel im geologisch-tektonischen Regime zu berücksichtigen sind. Daraus folgt, daß sich die metallogenetischen Stockwerke zueinander in hohem Maße diskret verhalten sollen.

Ausgehend von der stratigraphischen Entwicklung sind in der Abb. 1 die Hauptmerkmale der geologisch-tektonischen Entwicklungsstadien und die lithologische Ausbildung der Gesteine angegeben. Daraus wurde die Gliederung in metallogenetische Stockwerke abgeleitet.

3.2. Zur Kennzeichnung der metallogenetischen Stockwerke (siehe Abb. 1)

Das die älteren Stockwerke überlagernde T a f e l s t o c k w e r k (III) zeichnet sich durch typische Tafelsedimente mit verhältnismäßig ruhigen Lagerungsverhältnissen, durch germanotype Tektonik sowie z. T. weitaushaltende syngenetisch-sedimentäre Vererzungen aus. Außerdem sind hydrothermale gangförmige Mineralisationen, in denen Baryt und Fluorit dominieren, entlang tiefreichender Bruch- und Schwächezonen entwickelt. Diese Mineralisationen sind teilweise im Deckgebirge (Tafelstockwerk), teilweise auch im Grundgebirge (Prätafelstockwerke) lokalisiert. Das Tafelstockwerk ist somit durch Mineralisationen gekennzeichnet, die einerseits den Sedimentationsräumen des Tafelstockwerkes eigen sind, andererseits sich aus der dem Tafelstadium zugehörigen Bruchtektonik ableiten und deshalb über die Grenzen der Tafelstockwerkssedimente hinausreichen können. Auf den möglichen Zusammenhang von saxonischen Lagerstätten und Erzanreicherungen im Kupferschiefer mit Seitenverschiebungen und Tiefenbrüchen hat KÖLBEL (1954) aufmerksam gemacht. Die Abtrennung des Tafelstockwerkes von den Prätafelstockwerken an der Grenze P_1/P_2 ist relativ unproblematisch.

Unter dem Tafelstockwerk lagert das Ü b e r g a n g s s t o c k w e r k (IIb), welches zeitlich die Periode bis zur varistischen Hauptfaltung (bretonisch-sudetisch-asturisch) umfaßt. Dieses Stockwerk wird in Übereinstimmung mit MÖBUS (1968) bewußt als Übergangsstockwerk bezeichnet, weil es sich hier real um einen Übergang von einer Erdgroßstruktur (Geosynklinale) zu einer anderen (Tafel) handelt. Zu Beginn dieser Periode erfolgt jeweils entsprechend des Einsetzens der Hauptfaltungsphasen ein Wechsel von der alpinotypen zur germanotypen Tektonik.

Das Übergangsstockwerk ist vor allem durch Molassen gekennzeichnet, die die nachfolgende Tafelentwicklung bereits vorzeichnen. Tektonisch wird dies durch weitreichende Inversionserscheinungen sowie durch eine Zerlegung in Querschollen ausgedrückt. Gleichzeitig klingt der postorogene sialische Magmatismus aus. Es treten unterschiedlich große, granodioritische bis granitische, geochemisch unterschiedliche spezialisierte Intrusionen in verschiedenen magmatischen Phasen sowie saure Kleinintrusionen und Effusiva auf. Intrusiva und Effusiva sind vorwiegend in angehobenen Querschollen lokalisiert. Das „Ineinandergreifen" der ausklingenden Geosynklinal-Faltengebirgsentwicklung und das Einsetzen der Tafelentwicklung bilden die Voraussetzungen für eine beachtliche Vielfalt an Mineralisationen, die allerdings auf Grund ihrer Abhängigkeit von der im Übergangsstadium auftretenden starken tektonischen Gliederung zumeist regional begrenzt sind.

Wie die Metallogenie des Übergangsstockwerkes, so ist auch die des G e o s y n k l i n a l s t o c k w e r k e s (IIa) in starkem Maße provinzabhängig. Die geologischen und damit metallogenetischen Besonderheiten dieses Stockwerkes leiten sich aus der unterschiedlichen Entwicklung des Thuringischen und des Rhenischen Troges ab. Für die Lokalisierung von Mineralisationen sind vor allem die Intrastrukturen (kleinere Sättel und Mulden) dieser Tröge wichtig. In bezug auf die Sedimentation wurde für den Anteil unterhalb der Initialvulkanite der von TRÜMPY (1960) für Sedimente der Präflyschperiode geprägte Begriff der „Leptogeosynklinalsedimente" verwandt.

Ein Problem stellt die Begrenzung des Geosynklinalstockwerkes gegen ein „Prägeosynklinalstockwerk" dar. Wir legen die Grenze vorläufig in das obere Ordovizium, wobei bei dieser Festlegung die Überlegung eine Rolle spielt, daß die ordovizischen Eisenerze wohl als Schelf-, nicht aber als Geosynklinalablagerung anzusprechen sind.

Das „Prägeosynklinalstockwerk" wird (nicht ganz logisch) vorläufig als p r ä v a r i s t i s c h e s S t o c k w e r k (I) bezeichnet. Auf Grund der unterschiedlichen, die Zeitgrenzen schneidenden Metamorphose der Gesteine insbesondere dieses Stockwerkes und der dadurch bedingten Schwierigkeiten bei formationsanalytischen Betrachtungen kann im prävaristischen Stockwerk vorläufig keine weitere Unterteilung, evtl. in einen präkambrischen und altpaläozoischen Anteil, vorgenommen werden.

Sowohl das prävaristische (I) als auch das Geosynklinalstockwerk (IIa) zeichnen sich durch alpinotype Tektonik aus.

3.3. Die geologisch-tektonische Rayonierung der metallogenetischen Stockwerke

Wie bereits betont, muß die metallogenetische Position eines Gebietes aus dessen geologisch-tektonischer Entwicklung abgeleitet werden. Dies bedeutet, daß die metallogenetische Rayonierung aus der geologisch-tektonischen Rayonierung der metallogenetischen Stockwerke heraus zu entwickeln ist. Die metallogenetische Rayonierung muß somit quasi die Summierung der Rayonierungen in den einzelnen metallogenetischen Stockwerken darstellen, wobei wesentliche, in mehreren Stockwerken wiederkehrende, d. h. altangelegte und immer wieder regenerierte Grenzlinien die metallogenetische Rayonierung letztlich bestimmen.

[1]) Hier fanden u. a. Diskussionen mit Dr. BANKWITZ, Dr. FRANKE und Dr. SCHROEDER, Berlin, statt, außerdem wurden Ergebnisse von FRANKE & SCHROEDER (1968), MÖBUS (1968) sowie BRAUSE u. a. (1968) verwendet.

Entsprechend ihrer metallogenetischen Bedeutung wurde für drei Stockwerke eine Rayonierung nach geologisch-tektonischen Einheiten vorgenommen, und zwar für das varistische Geosynklinalstockwerk (Abb. 2), das varistische Übergangsstockwerk (Abb. 3) sowie für das postvaristische Tafelstockwerk (Abb. 4), wobei hierbei die känozoischen Ablagerungen unberücksichtigt blieben.

Während der Entwicklung des Geosynklinalstockwerkes (Abb. 2) sind zwei Großeinheiten zu unterscheiden. Der Südteil der DDR umfaßt das varistische Geosynklinal-Faltengebiet und der Nordteil ein Gebiet, das hier summarisch als varistisches Vorland bezeichnet werden soll. Die Grenze zwischen beiden Großeinheiten wurde entsprechend der Tektonischen Karte der DDR 1:500000 (WATZNAUER & KÖLBEL 1965) gezogen. Abgesehen vom Ostelbischen Massiv ist unterhalb des Vorlandes vorerst auf eine weitere Ausscheidung geologisch-tektonischer Einheiten verzichtet worden. Die Grenzziehung für das Ostelbische Massiv ist unsicher. Auf eine Darstellung des Massivs sollte jedoch nicht verzichtet werden, da Schilde und Erhebungen in Tafelbereichen in ihrer metallogenetischen Wertung etwa den Intrageoantiklinalen in den Geosynklinalgebieten gleichzusetzen sind.

Das Geosynklinalgebiet wird im wesentlichen nach KOSSMAT (1927), BRINKMANN (1948) und STILLE (1951) unterteilt. Es werden drei geologisch-tektonische Einheiten ausgehalten. Von Norden nach Süden sind dies der Rhenische Trog, die Kristallinzone der Mitteldeutschen Schwelle und der Thuringische Trog. Im Süden wurde für dieses Stockwerk als problematische Struktur noch eine weitere Antiklinale, die in Anlehnung an die spätere endgültige Bezeichnung als Fichtelgebirgisch-Erzgebirgische Antiklinalzone angesprochen wurde, ausgeschieden. Wie auch hinsichtlich der Mitteldeutschen Schwelle wird dabei von einer Deutung ihres Aufbaus, ob durchgehender Strang oder inselförmiges Auftreten, abgesehen. Von einer Ausscheidung kleinerer Intrastrukturen, wie sie in den Trögen auftreten, wird Abstand genommen, da sie, obgleich lokal metallogenetisch wichtig, für eine Stockwerkrayonierung keine Bedeutung haben.

Für das Übergangsstockwerk (Abb. 3) ist das Auftreten der Molasse als kennzeichnend angesehen worden. Da das Übergangsstockwerk als Ganzes charakterisiert werden sollte, wird auf der Kartendarstellung die maximale Verbreitung der sedimentären und sedimentär-vulkanogenen Bildungen wiedergegeben. Zu konkreten Zeitabschnitten des Übergangsstadiums war die Molasseverbreitung jeweils geringer. Durch die Unterscheidung von varistischer Außen- und Innenmolasse wird die Inversion im varistischen Geosynklinalgebiet unterstrichen. So zeigt sich, daß die Innenmolasse etwa der Mitteldeutschen Schwelle folgt. Das Erzgebirgische Becken entwickelte sich entlang des Zentralsächsischen Lineaments und der SE-Verlängerung der Hermundurischen Scholle. In der Karte wurden weiterhin bedeutende Querstörungen und Lineamente (z. B. Zentralsächsisches Lineament, Elbtallineament, Fränkische Linie, Remdaer Störungszone, Finne-Störung, Hallesche Störung, Lausitzer Hauptabbruch) ausgehalten, weil sie entweder für die Anlage von Molassebecken (Rudolstädter Becken, Erzgebirgisches Becken, Döhlener Becken) oder für die Begrenzung und Vorzeichnung von Einheiten des Tafelstockwerkes von Bedeutung sind (Thüringer Wald, Halle-Wittenberger und Nordsächsisches Gebiet, Elbtalzone, Harz, Lausitzer Massiv) bzw. selbständige metallogenetische Einheiten bilden (Zentralsächsisches Lineament). Das Granulitgebirge wird im Unterschied zu WATZNAUER (1969) nicht in das Zentralsächsische Lineament mit einbezogen, sondern wie bei MÖBUS (1968) als internes Hebungsgebiet im Thuringischen Trog ausgewiesen. Die gewählte Darstellungsweise zeigt darüber hinaus, welche Gebiete für das gesamte Übergangsstadium Abtragungs- bzw. angehobene Strukturen waren. Das sind der Oberharz, Ostthüringen, das Granulitgebirge, die Fichtelgebirgisch-Erzgebirgische Antiklinalzone und das Lausitzer Massiv. Im Übergangsstockwerk zeigen sich bereits einige Gebiete in annähernd den Formen, in welchen sie als metallogenetische Einheiten ausgeschieden werden.

Das postvaristische Tafelstockwerk (Abb. 4) ist gekennzeichnet durch die in der Norddeutschen Senke, der Subherzynen Senke, der Thüringer Senke i. w. S., der Südthüringisch-Fränkischen Senke sowie der Elbtalzone auftretenden Sedimentkomplexe. Durch bruchtektonische Bewegungen werden einige im Übergangsstadium bereits vorgezeichnete geologisch-tektonische Einheiten noch klarer hervorgehoben und nehmen ihre endgültige Form an, z. B. der Harz, die Flechtingen-Roßlauer Scholle, der Thüringer Wald und die Elbtalzone. Teile des Thüringer Waldes und des Harzes besaßen bereits während des Oberperms Schwellencharakter. Die obenerwähnten Bruchstörungen gliedern die Tafelsedimente in ein Schollenmosaik.

3.4. Die metallogenetische Rayonierung

Wie aus den vorliegenden Ausführungen abzuleiten ist, wird das Territorium der DDR aus metallogenetischer Sicht von zwei großen Struktureinheiten aufgebaut, dem varistisch konsolidierten Südteil mit postvaristisch aufgelagerten Sedimenten sowie dem aus mächtigen, wenig verformten paläozoischen und mesozoischen sowie känozoischen Sedimenten bestehenden Nordteil. Die Grenze zwischen den beiden Struktureinheiten ist problematisch (siehe Abb. 2). Der sedimentäre Nordteil greift auf die varistisch konsolidierten Gebiete im Süden über.

Der Südteil der DDR stellt einen Teil des Europäischen varistischen metallogenetischen Gürtels dar, welcher darüber hinaus Böhmen, die Sudeten, West- und Süddeutschland sowie Frankreich, Südengland und Spanien umfaßt. Der böhmische und deutsche Anteil dieses metallogenetischen Gürtels kann als Zentraleuropäische varistische metallogenetische Provinz bezeichnet werden. Eine weitere Unterteilung dieser metallogenetischen Provinz wird zweckmäßigerweise in die nach KOSSMAT ausgehaltenen Gebiete des Moldanubikums, des Saxothuringikums und des Rhenoherzynikums vorgenommen, die entsprechend als Moldanubische metallogenetische Zone, Saxothuringische metallogenetische Zone und Rhenohercyne metallogenetische Zone bezeichnet werden sollen.

Die Moldanubische metallogenetische Zone, welche nach SATTRAN (1966) als Subprovinzen das Böhmische Massiv, das Barrandium und Eisengebirge sowie das Böhmische Mittelgebirge umfaßt, fungiert als varistisches Zentralmassiv (Zwischenmassiv) mit bereits prävaristisch konsolidierten Elementen. Im Varistikum treten insbesondere Granodiorite bis Granite, oft anatektisch, Na > K auf. An postmagmatischen Minerali-

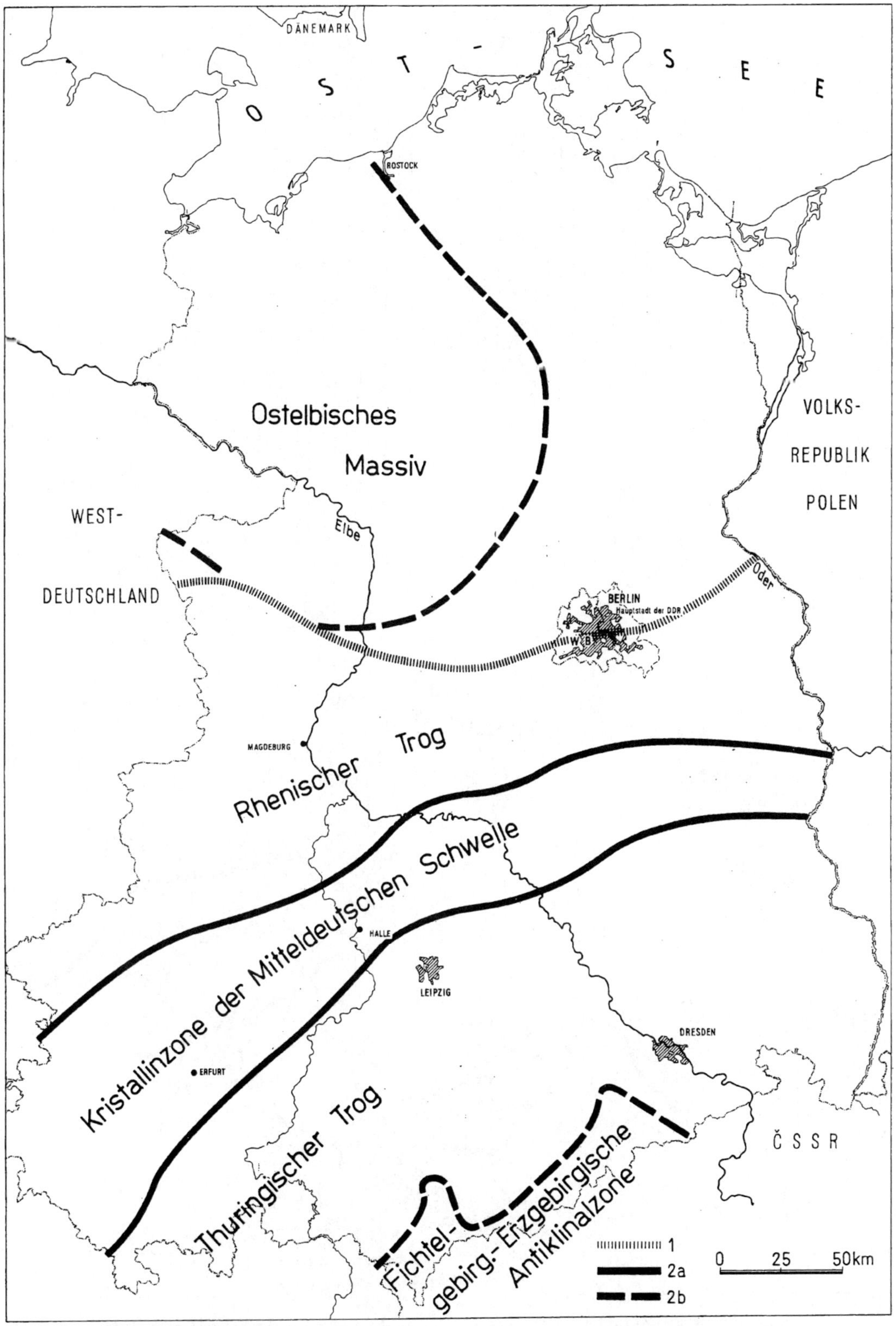

Abb. 2. Geologisch-tektonische Rayonierung des varistischen Geosynklinalstockwerks (IIa)
1 – vermutliche nördliche Begrenzung des varistischen Geosynklinalgebiets; 2 – Begrenzung geologisch-tektonischer Einheiten im Geosynklinalgebiet und auf der Tafel; 2a – sicher, 2b – vermutet

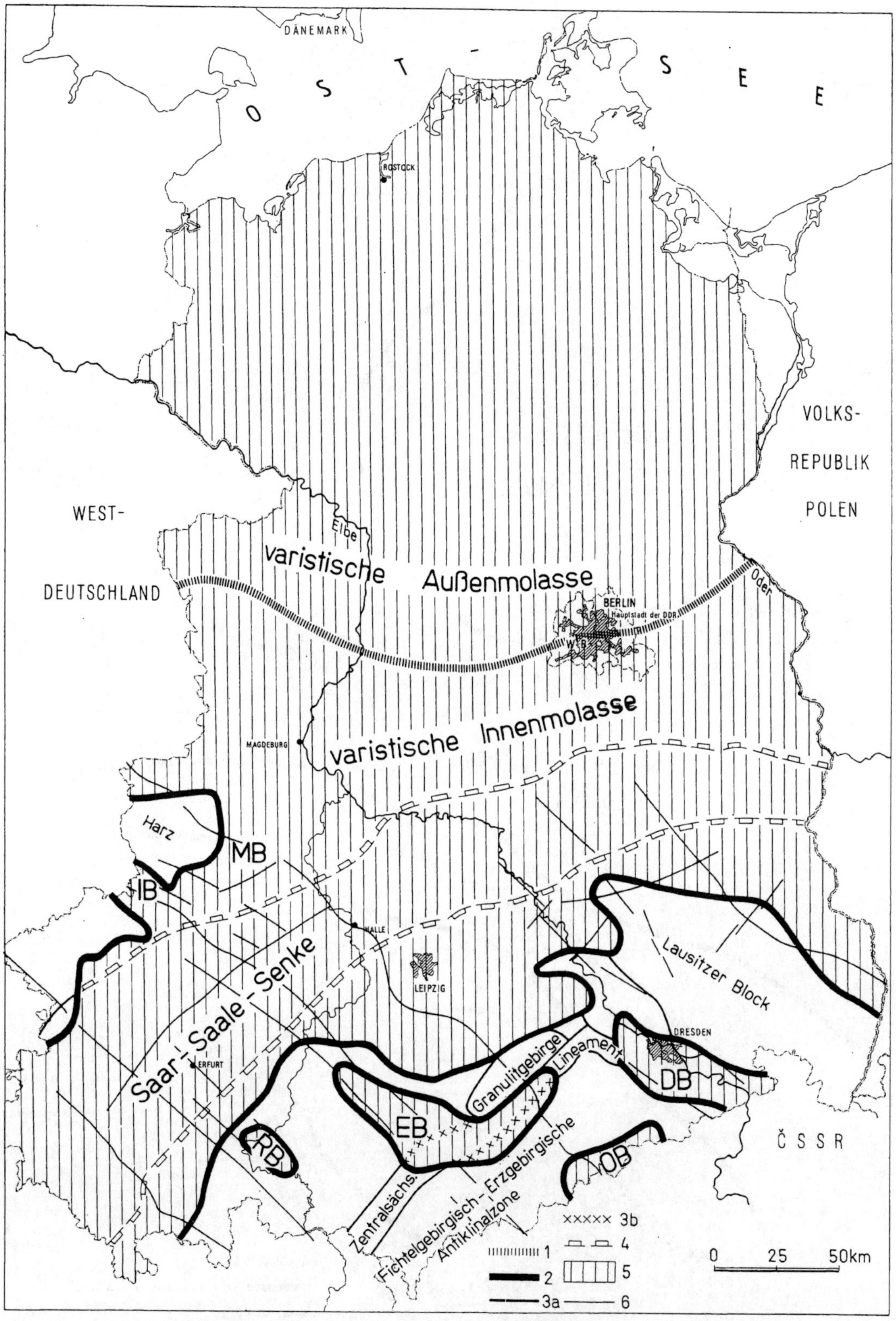

Abb. 3. Geologisch-tektonische Rayonierung des varistischen Übergangsstockwerks (IIb)

1 – vermutliche nördliche Begrenzung des varistischen Geosynklinalgebiets; 2 – Begrenzung geologisch-tektonischer Einheiten des varistischen Übergangsstockwerks; 3 – Begrenzung älterer geologisch-tektonischer Einheiten; 3a – ausstreichend; 3b – verdeckt; 4 – Kristallinzone der Mitteldeutschen Schwelle, verdeckt; 5 – sedimentäre und sedimentär-vulkanogene Bildungen des Übergangsstockwerks (maximale Verbreitung); 6 – Störungen

DB – Döhlener Becken, EB – Erzgebirgisches Becken, IB – Ilfelder Becken, MB – Meisdorfer Becken, OB – Becken von Olbernhau–Brandov, RB – Rudolstädter Becken

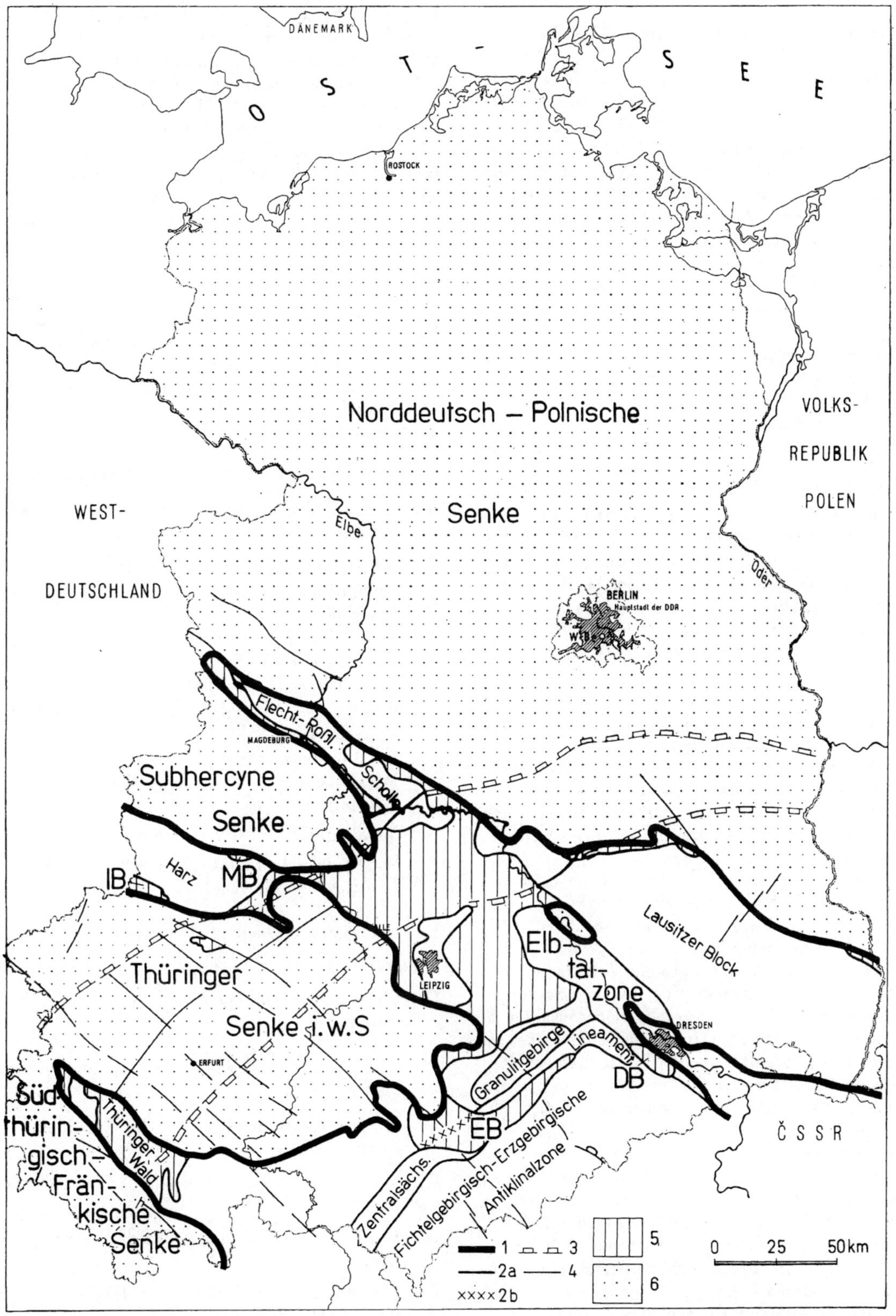

Abb. 4. Geologisch-tektonische Rayonierung des postvaristischen Tafelstockwerks (III), ohne Känozoikum

1 – Begrenzung geologisch-tektonischer Einheiten des Tafelstockwerks; 2 – Begrenzung geologisch-tektonischer Einheiten älterer Stockwerke, 2a – ausstreichend; 2b – verdeckt; 3 – Kristallinzone der Mitteldeutschen Schwelle, verdeckt; 4 – Störungen; 5 – sedimentäre und sedimentär-vulkanogene Bildungen des Übergangsstockwerks; 6 – Tafelsedimente

EB – Erzgebirgisches Becken, DB – Döhlener Becken, IB – Ilfelder Becken, MB – Meisdorfer Becken

sationen sind Pb-Zn- sowie Au–Sb-führende charakteristisch.

Die Saxothuringische metallogenetische Zone schließt an die Moldanubische im NW, N und NE an. Zu ihr gehören die an das Zentralmassiv angrenzende Fichtelgebirgisch-Erzgebirgische Antiklinalzone, der südliche Teiltrog der varistischen Geosynklinalzone (Thuringischer Trog) und eine Intrageoantiklinale (Mitteldeutsche Schwelle), die den südlichen Teiltrog vom nördlichen Teiltrog (Rhenischer Trog) trennt. Zur Saxothuringischen Zone werden weiterhin die Elbtalzone sowie der Lausitzer Block und die Westsudeten (Lugikum) gezählt. Die sedimentologisch-tektonische Entwicklung des Untergrundes der Saxothuringischen Zone haben kürzlich HIRSCHMANN u. a. (1968) behandelt.

Die Lagerstättenführung des Geosynklinalstadiums der Saxothuringischen Zone ist wenig ausgeprägt. In einigen Gebieten treten oxydische Eisenmineralisationen vom Lahn-Dill-Typ auf. Im Gegensatz dazu ist die Lagerstättenführung der Subsequenzperiode, vor allem im Südteil, der Fichtelgebirgs-Erzgebirgsantiklinale, mit Sn-W, (Bi), Pb-Zn und relativ viel As sowie U recht ausgeprägt. Diese Mineralisation steht genetisch mit postkinematischen, sauren, geochemisch stark spezialisierten Granitoiden mit $K > Na$ in Verbindung. Nach unseren heutigen Kenntnissen nimmt sowohl die geochemische Spezialisierung der Granitoide als auch die (damit in ursächlicher Verbindung stehende) Lagerstättenführung in NW-Richtung ab. Die Hauptmineralisation scheint auf den Bereich zwischen Böhmischem Massiv und dem Gebiet des Thuringischen Troges, nämlich auf das Erzgebirge, beschränkt zu sein.

Im Gebiet der Kristallinzone der Mitteldeutschen Schwelle treten synkinematische, z. T. auch postkinematische, in der Regel geochemisch nicht spezialisierte Granitoide (häufig Granodiorite) auf, die offensichtlich als Indikatoren für die bekannte Sterilität des Gebietes angesehen werden müssen.

Die Rhenohercynische metallogenetische Zone schließt an die Saxothuringische nach NW an und entspricht dem nördlichen Teiltrog der varistischen Geosynklinale (Rhenischer Trog).

Im Gegensatz zur Saxothuringischen Zone treten hier der initiale basische Magmatismus und die daran gebundenen oxydischen Eisenmineralisationen stärker in Erscheinung. Für die Subsequenzperiode sind wiederum postkinematische Granitoide mit Pb–Zn-Lagerstätten bei ausgesprochener Bi- und relativer As-Armut charakteristisch. Metallogenetisch von Bedeutung ist das Fehlen von Sn–Mo-Mineralisationen.

Der von typischen Tafelsedimenten gebildete Nordteil der DDR stellt einen Teil der metallogenetischen Provinz der Norddeutsch-Polnischen Senke dar. Diese erstreckt sich in der DDR nördlich des Mitteldeutschen Hauptabbruchs. Die Abgrenzung in Westdeutschland und in Polen wird unterschiedlich gehandhabt. Im tieferen Untergrund wurden am Südrand der Norddeutsch-Polnischen Senke die nordöstlichen Fortsetzungen der Saxothuringischen und Rhenohercynen Zone nachgewiesen.

Im Zentralteil des Gebietes wird auf Grund geophysikalischer Angaben die Existenz des Ostelbischen Massivs angenommen. Das Problem des Auftretens kaledonischer Faltungsvorgänge im Untergrund der Norddeutsch-Polnischen Senke wurde von FRANKE (1967) behandelt. Über Mineralisationen ist in den genannten älteren Einheiten bisher nichts bekannt geworden.

Über marinen altpaläozoischen Sedimenten liegen permokarbone Molassen, die wieder von jungpaläozoisch-mesozoischen Sedimenten überlagert werden. Die letzteren bestehen aus dem Zechsteinsalinar und sandig-tonig-karbonatischen Ablagerungen als Bildung eines labilen Schelfs. Von metallogenetischer Bedeutung sind die exogenen Cu-Pb-Zn-, Stein- und Kalisalz- sowie Fe-Mineralisationen der jungpaläozoisch-mesozoischen Deckgebirgsserie.

Ausgehend von den vorstehend aufgeführten metallogenetischen Großeinheiten und in Verbindung mit der Lage und Begrenzung der geologisch-tektonischen Bauelemente in den einzelnen metallogenetischen Stockwerken wird für die metallogenetische Rayonierung des Territoriums der DDR folgender Vorschlag unterbreitet:

A Saxothuringische metallogenetische Zone

A 1 Fichtelgebirgisch-Erzgebirgische metallogenetische Subzone,

A 2 Zentralsächsische metallogenetische Subzone,

A 3 Ostthüringisch-Nordsächsische metallogenetische Subzone,
Ostthüringische metallogenetische Subprovinz,
Metallogenetische Subprovinz des Granulitgebirges,
Nordsächsische metallogenetische Subprovinz,

A 4 Metallogenetische Subzone der Mitteldeutschen Kristallinzone,
Metallogenetische Subprovinz des Thüringer Waldes,
Metallogenetische Subprovinz des Gebietes Halle—Wittenberg,

A 5 Metallogenetische Subzone des Elbtals,

A 6 Westsudetische metallogenetische Subzone,
Lausitzer metallogenetische Subprovinz.

B Rhenohercyne metallogenetische Zone

B 1 Metallogenetische Subprovinz des Harzes,

B 2 Flechtingen—Roßlauer metallogenetische Subprovinz.

C Postvaristisch aufgelagerte metallogenetische Einheiten

C 1 Metallogenetische Provinz der Norddeutsch-Polnischen Senke,

C 2 Metallogenetische Subprovinz der Subhercynen Senke,

C 3 Metallogenetische Subprovinz der Thüringer Senke i. w. S.,

C 4 Metallogenetische Subprovinz der Südthüringisch-Fränkischen Senke.

Lage und Begrenzung der metallogenetischen Einheiten sind der Abb. 5 zu entnehmen. Nachstehend werden einzelne Subzonen bzw. Subprovinzen kursorisch behandelt. Die Untergliederung in metallogenetische Stockwerke (I, IIa, IIb, III) ist aus Abb. 1 zu ersehen.

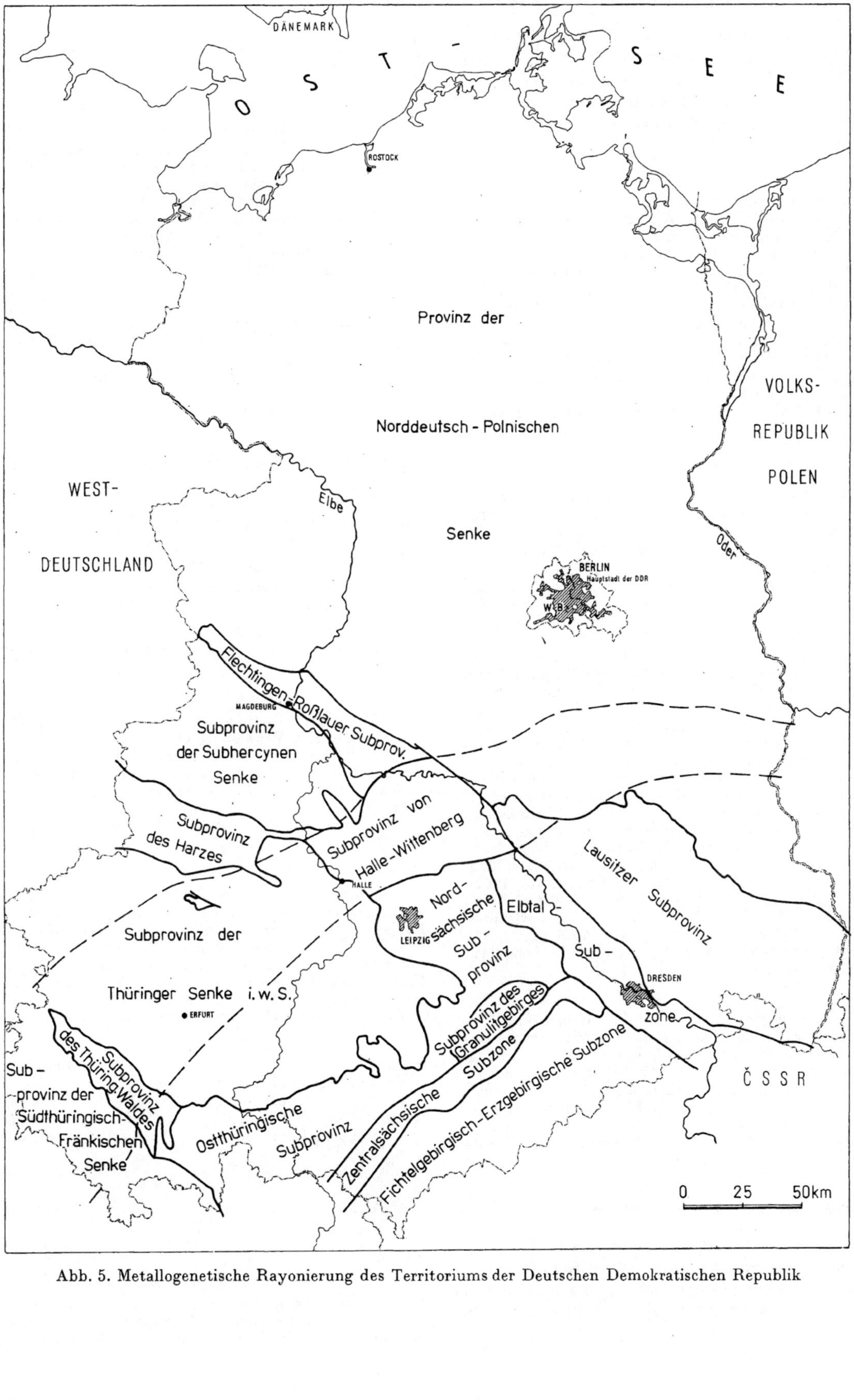

Abb. 5. Metallogenetische Rayonierung des Territoriums der Deutschen Demokratischen Republik

A Saxothuringische metallogenetische Zone

A 1 Fichtelgebirgisch-Erzgebirgische metallogenetische Subzone

Diese Subzone entspricht der Fichtelgebirgs-Erzgebirgs-Antiklinale nach LORENZ & HOTH (1964). Sie wird im SW durch die Fränkische Linie, im NE durch die Elbtalzone und im NW durch das Zentralsächsische Lineament begrenzt. Die Subzone ist außerordentlich metallreich.

I—IIa

Sedimentation mächtiger, oft monotoner Serien; tonig, mergelig, wenig karbonatisch, z. T. mit submarinen basischen Amphiboliten, untergeordnet auch mit mehr sauren Einlagerungen (Felsiten). Möglichkeit der Bildung sedimentärer Lagerstätten oder solcher, die an basische bzw. saure initiale Vulkanite geknüpft sind (Skarne, Felsitlager bei Halsbrücke). Frühvaristische Granitintrusionen (Rotgneis). Die metallogenetischen Besonderheiten sind im einzelnen nicht bekannt, da intensive frühvaristische bis varistische regionalmetamorphe meso- bis katazonale Verformung der Gesteine und der mit diesen genetisch verbundenen Mineralisationen stattfanden.

Lit.: BAUMANN & WEINHOLD (1963), HOTH & LORENZ (1966), HÖSEL (1968), LANGE (1962, 1965), LORENZ & HOTH (1967, 1968), NETSCHAEW (1968).

IIb

Intrusion gewaltiger granitoider Massen (Erzgebirgspluton mit NE—SW-Erstreckung; Teilplutone mit NW—SE-Erstreckung), Hebungsgebiet.

Die Metallogenie dieser Subzone wird durch den entweder angeschnittenen oder in geringer Teufe lagernden Erzgebirgspluton geprägt (Gebirgsgranite—oberkarbonischer Intrusivkomplex; Erzgebirgsgranite — unterpermischer Intrusivkomplex). Geochemische Spezialisierung der Erzgebirgsgranite in bezug auf Sn, Li, F.

Die unterschiedliche Lagerstättenführung ist vermutlich u. a. durch die Intrusion in unterschiedliche Metamorphosestockwerke (Gneise, Glimmerschiefer, Phyllit) und durch das unterschiedliche gegenwärtige Anschnittsniveau bedingt. Auftreten von Sn-W-Mo-Lagerstätten (Altenberg, Sadisdorf, Ehrenfriedersdorf, Geyer, Gottesberg) und Pb-Zn-Cu-Ag-Lagerstätten (Freiberg, Marienberg, Annaberg). Diese Lagerstätten werden im wesentlichen durch die geochemische Spezialisierung der Granitoide und die varistisch wirksam gewesenen tektonischen Vorgänge kontrolliert. Entwicklung intramontaner Senken mit Molassebildungen und limnischen Kohlen (Becken von Olbernhau-Brandov).

Lit.: BAUMANN (1958, 1965), BRÄUER (1967), CHRT u. a. (1968), HARLASS & SCHÜTZEL (1965), HERRMANN (1967), OELSNER (1952, 1958), PÄLCHEN (1968), SCHUST (1968), TISCHENDORF (1970), TISCHENDORF u. a. (1965) sowie Freiberger Forsch.-Hefte C 167 (1963), C 181 (1964) und C 218 (1967) mit Beiträgen über Sn-W-Lagerstätten von BAUMANN, BOLDUAN u. a.

III

Weiter Hebungsgebiet, wahrscheinlich Gebiet mit Prozessen einer autonomen Aktivierung. Auftreten von saxonischen Lagerstätten der BiCoNiU-Formation (Schneeberg, Johanngeorgenstadt) sowie von CaF_2-$BaSO_4$-Lagerstätten (Niederschlag, Brunndöbra-Schneckenstein). Diese Lagerstätten werden im wesentlichen durch bruchtektonische Elemente kontrolliert.

Lit.: BAUMANN (1967), BAUMANN & RÖSLER (1967), BOLDUAN u. a. (1961), RÖSLER & PILOT (1967).

A 2 Zentralsächsische metallogenetische Subzone

Diese Subzone trennt die Fichtelgebirgisch-Erzgebirgische Subzone von der Ostthüringisch-Nordsächsischen. Sie entspricht dem Zentralsächsischen Lineament nach WATZNAUER (1965, 1969) und KURZE (1966).

Die Begrenzung der Subzone ist noch nicht völlig geklärt.

I—IIa

Auftreten von sauren Magmatiten nichtgeklärten Alters (Hirschberg) und von altpaläozoischen Gesteinsserien mit Diabasen, örtlich unbedeutende (ordovizische) Fe-Vorkommen.

IIb

Intrusion des Granits von Eichigt (Erzgebirgsgranit) im Grenzbereich zur Fichtelgebirgs-Erzgebirgs-Antiklinale. Auftreten von gangförmigen Sn-Lagerstätten (Lauterbach). Ausbildung der intramontanen Senke des Erzgebirgischen Beckens mit sauren bis basischen Vulkaniten, Molassebildungen und limnischen Kohlen (Zwickau, Oelsnitz), Cu-Vorkommen vom Red-Bed-Typ (Zwickau).

Lit.: HOYNINGEN (1959), LEUTWEIN & RÖSLER (1956), TISCHENDORF u. a. (1965).

III

Auf Bruchstörungen treten saxonische Ganglagerstätten auf. Im NE-Teil handelt es sich um CaF_2-$BaSO_4$-Vorkommen (Frankenberg) und im SW-Teil um CaF_2-Lagerstätten (Schönbrunn, Bösenbrunn, Wiedersberg) und Sideritvorkommen (Pöhl, Jocketa).

Lit.: BAUMANN (1965), QUELLMALZ (1959).

A 3 Ostthüringisch-Nordsächsische metallogenetische Subzone

Diese Subzone entspricht dem südlichen Teiltrog der varistischen Geosynklinale, dem Thuringischen Trog. Sie wird in die Ostthüringische metallogenetische Subprovinz, die Metallogenetische Subprovinz des Granulitgebirges und die Nordsächsische metallogenetische Subprovinz unterteilt.

Ostthüringische metallogenetische Subprovinz

I

Präkambrische Bildungen im Schwarzburger Sattel. Auftreten von sauren Magmatiten altpaläozoischen Alters (Glasbach). Bildung oolithischer silikatischer Fe-Erze im Ordovizium (Schmiedefeld—Wittmannsgereuth). Auftreten ökonomisch unbedeutender Goldquarzgänge (Reichmannsdorf).

Lit.: HETZER (1958), SCHMIDT & HÄHNEL (1963), SCHULZ (1968).

IIa

Mächtige Sedimentablagerungen in der varistischen Geosynklinalperiode (tonig, kieselig, karbonatisch); starkes Senkungsgebiet, Auftreten von initialen Vulkaniten (Keratophyr-Diabas) mit oxidischen Eisenerzen im Oberdevon (Schleiz-Pörmitz). Der initiale Magmatismus ist vorzugsweise an die Flanken interner Hebungsgebiete (z. B. Greizer Schwelle) innerhalb einer Senkungszone gebunden.

Lit.: GRÄBE (1956), RÖSLER (1960, 1962), WIEFEL (1966).

IIb

Intrusion varistischer postkinematischer Granitoide, weniger spezialisiert als die erzgebirgischen. Keine ausgeprägte Lagerstättenführung: wenig Sn (Sparnberg), wenig karbonatführende Cu-Pb-Gänge, z. T. mit Co-Ni-Führung (Lobenstein), in einzelnen Gebieten Sb-Vorkommen (Oberböhmsdorf, Greiz).

Lit.: BRÄUER (1967), MEINEL (1962), REH (1962).

Metallogenetische Subprovinz des Granulitgebirges

I—IIa

Oval begrenzter Grundgebirgsaufbruch mit Granuliten und metamorph beanspruchten ultrabasischen, basischen und sauren Magmatiten. Lokales Auftreten As-Sb-Au-führender Mobilisate (Hohenstein-Ernstthal, Hartmannsdorf). Im

Schiefermantel setzen weitere, weniger metamorphe Ultrabasite und Basite auf.

Lit.: BEHR (1961), JUBELT (1965), OELSNER & TISCHENDORF (1957).

IIb

Auftreten saurer Magmatite (Granit von Mittweida) und Pegmatite (Penig). Die Granite besitzen keine Lagerstättenaureole.

III

Auf bruchtektonischen Störungen kommen CaF_2-$BaSO_4$-Mineralisationen vor, die z. B. Buntmetallsulfide führen (Waldenburg, Schönborn-Dreiwerden, Roßwein). Bildung von Ni-Hydrosilikatlagerstätten (Kuhschnappel) im Bereich der Ultrabasite des Schiefermantels.

Lit.: JUBELT (1956), LEUTWEIN & PFEIFFER (1954), WERNER (1965).

Nordsächsische metallogenetische Subprovinz

I—IIa

Ablagerung überwiegend tonig-klastischer Sedimente (Leipziger Grauwacke).

Lit.: ENGERT (1957).

IIb

Intrusion saurer Magmatite (Delitzsch). Molassebildung mit mächtigen rhyolithischen und andesitischen Vulkanitserien. Die Entwicklung ähnelt der der Metallogenetischen Subprovinz von Halle-Wittenberg. Die Tiefenfortsetzung des Osterzgebirgischen Teilplutons bis in dieses Gebiet (Wurzener negative Schwereanomalie) ist wahrscheinlich von metallogenetischer Bedeutung.

Lit.: SÄRCHINGER (1964).

A 4 Metallogenetische Subzone der Mitteldeutschen Kristallinzone

Diese Subzone entspricht der Kristallinzone der Mitteldeutschen Schwelle im Sinne BRINKMANNs. Sie ist der Kern einer Intrageoantiklinale der varistischen Geosynklinale und tritt erstmals im höheren Unterdevon, deutlich ab Oberdevon als Hebungsgebiet in Erscheinung. Diese Subzone wird in die Subprovinz des Thüringer Waldes und in die Metallogenetische Subprovinz von Halle—Wittenberg unterteilt. Andere Teile werden von Sedimenten des Tafelstockwerkes überlagert.

Metallogenetische Subprovinz des Thüringer Waldes

I—IIa

Auftreten von präkambrischen Kristallinanteilen (Ruhla). Prävaristische Granite sind möglich; ihre metallogenetische Bedeutung ist unklar.

Lit.: NEUMANN (1964).

IIb

Intrusion varistischer Granitoide, teils syn-, teils postkinematisch mit dioritischem bis granodioritischem Chemismus, geochemisch kaum spezialisiert, wahrscheinlich geringe metallogenetische Bedeutung.

Ab Siles sinken zentrale Teile der Mitteldeutschen Schwelle ein (Inversion). Ausbildung der Saar-Saale-Senke mit mächtigen Molassebildungen. Auftreten basischer bis saurer Vulkanite. Ähnliche Entwicklung wie in der Nordsächsischen metallogenetischen Subprovinz. Örtlich limnische Kohlenbildungen (Manebach, Öhrenkammer, Crock). An Redoxfallen Anreicherungen von Buntmetallen in den Molassebildungen (Goldlauterer Schichten, Brattendorf).

Lit.: BANKWITZ & KAEMMEL (1957), BRÄUER (1967), HUTH (1955), LEUTWEIN & RÖSLER (1956), RÖSLER (1964).

III

Vorwiegend in den Randbrüchen, jedoch auch im eigentlichen Thüringer Wald treten meist gangförmige, selten metasomatische $BaSO_4$-, CaF_2-, Fe-Mn- und Mn-Lagerstätten auf (Steinbach, Ruhla, Schmalkalden, Öhrenstock, Elgersburg, Ilmenau, Gehren).

Lit.: LEEDER (1967), MÄDLER & SCHRÖDER (1967), REH (1959 b), RENTZSCH (1958), SCHRÖDER (1966), WERNER (1966), WOLF (1964).

Metallogenetische Subprovinz von Halle-Wittenberg

I—IIa

Auftreten metamorpher Gesteine der Kristallinzone der Mitteldeutschen Schwelle mit synkinematischen sauren Magmatiten (Dessau, Pretzsch).

Lit.: GOTTESMANN & KNOTH (1966), SCHÜLLER (1951).

IIb

Molassebildungen mit limnischen Kohlen (Plötz). Die Subprovinz wird durch das Auftreten andesitischer bis rhyolithischer Vulkanite charakterisiert. Untergeordnet sind meist im Bereich von Schlotbrekzien Pyrit-Buntmetall-Mineralisationen vorhanden. CaF_2-Imprägnationen der Rhyolithe sind extensiv verbreitet.

Lit.: KOCH (1962), SCHWAB (1965), SIEGERT (1967 a, b).

A 5 Metallogenetische Subzone des Elbtallineaments

Diese Subzone fungiert als Trennelement zwischen der Lausitzer Subprovinz einerseits und der Fichtelgebirgisch-Erzgebirgischen, der Zentralsächsischen sowie der Ostthüringisch-Nordsächsischen metallogenetischen Subzone andererseits.

Diese Subzone ist ein altangelegtes, kompliziert aufgebautes, tektonisch häufig aktives Element mit eigenem Magmatismus und stellt ein Senkungsgebiet dar.

Von geologisch-tektonischer und evtl. auch metallogenetischer Bedeutung kann sein, daß die (oder eine) NW-Fortsetzung dieser tektonisch aktiven Zone vermutlich die angehobene Flechtingen—Roßlauer Scholle darstellt. Während die Elbtalzone durch ein Schwereminimum charakterisiert wird, ist im Bereich der Flechtingen—Roßlauer Scholle ein Schweremaximum ausgebildet. Der Bereich der Mitteldeutschen Kristallinzone fungiert als Drehpunkt.

I—IIa

Auftreten von Gneisen (Großenhain, Strehla), jungproterozoischer Grauwacken (Clanschwitz, Weesenstein), frühvaristischer Turmalingranite (Gottleuba) sowie devonischer Geosynklinalmineralisationen.

Lit.: ENGERT (1956), FANDRICH (1965), GALLWITZ (1953).

IIb

Intrusion von syenitischen Gesteinen großer Variation als Ergebnis tiefreichender tektonischer Prozesse.

Sonderstellung gegenüber den benachbarten metallogenetischen Subprovinzen. Ausbildung einer intramontanen Senke im Unterperm. Limnische Kohlenbildungen (Döhlener Becken) mit Anreicherung seltener Elemente.

Randintrusion von Erzgebirgsgraniten (Markersbach), aber mit geringer geochemischer Spezialisierung.

Lit.: PFEIFFER (1964), LEUTWEIN & RÖSLER (1956), REICHEL (1968).

III

Absenkungsgebiet, Kreidesedimente mit unbedeutenden $BaSO_4$-Kluftmineralisationen.

A 6 Westsudetische metallogenetische Subzone

Ein Teil dieser von den Sudeten aus der ČSSR und der VR Polen auf das Gebiet der DDR reichenden Subzone ist die Lausitzer metallogenetische Subprovinz.

Lausitzer metallogenetische Subprovinz

Diese Subprovinz stellt infolge Hochlage des Mantels ein ausgeprägtes Schwerehoch dar.

I–IIa

Auftreten von jungproterozoischen Grauwacken (Görlitzer und Kamenzer Schichten) sowie von präordovizischen Granitoiden (Ostlausitzer Granodiorit, Rumburger Granit). Ausgeprägte frühvaristische anatektische und palingenetische Prozesse, deren metallogenetische Bedeutung wahrscheinlich gering ist.

Lit.: BRAUSE (1969), ERZBERGER u. a. (1964), HIRSCHMANN (1966).

II b

Teils In-situ-Entstehung und teils Intrusion von granodioritischen Magmen (Westlausitzer Granodiorit) sowie von posttektonischen, metallogenetisch schwach spezialisierten Stockgraniten (Königshain, Stolpen) mit geringer Mineralführung.

In dieser Subprovinz treten zahlreiche Lamprophyre auf, die auf relativ tiefen Anschnitt des Granitareals hinweisen. An die Lamprophyre sind geringe Cu-Ni-Mineralisationen (Sohland) geknüpft.

Lit.: BAUTSCH (1963), MÖBUS (1961, 1964), MÖBUS & LINDERT (1967), OELSNER (1954).

B Rhenoherzyne metallogenetische Zone

Im Bereich der Rhenoherzynen metallogenetischen Zone existieren auf dem Gebiet der DDR zwei an der Oberfläche ausstreichende Einheiten: die Metallogenetischen Subprovinzen des Harzes und der Flechtingen–Roßlauer Scholle. Andere Teile dieser Zone werden von Sedimenten des Tafelstockwerkes überlagert.

B 1 Metallogenetische Subprovinz des Harzes

Die Subprovinz stellt eine aus dem Untergrund herausgehobene Pultscholle dar.

I–IIa

Ausbildung mächtiger silurisch-devonischer Sedimente; Auftreten von varistisch initialem Magmatismus mit oxydischen und sulfidischen Vererzungen (Elbingeröder Komplex, Rammelsberg, Oberharzer Diabaszug).

Lit.: KRAUME u. a. (1955), LANGE (1957), REICHSTEIN (1959).

IIb

Intrusion von Granitoiden (Ramberg, Brocken), z. T. mit basischen Vorläufern (Gabbro von Ilsenburg). An die Granite sind räumlich Pb-Zn-Lagerstätten (Neudorf, Clausthal, Bad Grund), teils auch Sb-Vorkommen (Wolfsberg, Dietersdorf, Hayn) gebunden. Isoliert auftretende Vorkommen mit Seleniden (Tilkerode, Zorge, Lerbach, Clausthal). Geringe Verbreitung von sauren bis basischen Vulkaniten (Ilfelder Becken, Mittelharzer Gänge, Auerberg). Intramontane Senken mit limnischen Kohlenbildungen.

Lit.: BENEK (1967), CHROBOK (1965), SPERLING (1959), STEINER (1966), TISCHENDORF (1959), OELSNER, KRAFT & SCHÜTZEL (1958).

III

Bruchtektonische Bewegungen, Hebungsgebiet, saxonische Mineralisation mit CaF_2 und $BaSO_4$ (Siptenfelde, Rottleberode) und BiCoNi (Andreasberg, Hasserode).

Lit.: BAUMANN & WERNER (1968), WILKE (1952).

B 2 Flechtingen–Roßlauer metallogenetische Subprovinz

Diese Subprovinz stellt eine durch bruchtektonische Elemente begrenzte Hochscholle dar und hat vermutlich Beziehungen zur Elbtalzone.

I–IIa

Sedimentation tonig-sandiger Serien.

Lit.: REUTER (1964).

IIb

Auftreten granitoider Intrusionen, sowohl in der Scholle als auch im nördlichen Vorland; andesitisch-rhyolithischer Vulkanismus mit unklarer metallogenetischer Bedeutung. Evtl. bestehen Beziehungen zur Subprovinz des Gebietes Halle–Wittenberg bzw. zur Nordsächsischen Subprovinz.

Lit.: SCHREIBER (1960).

III

Hebungsgebiet; geologisch-tektonische Fortsetzung der Elbtalzone mit unterschiedlichen Bewegungstendenzen. Es treten gangförmige $BaSO_4$- und CaF_2-Mineralisationen vermutlich saxonischen Alters auf.

C Postvaristische aufgelagerte metallogenetische Einheiten

C 1 Metallogenetische Provinz der Norddeutsch–Polnischen Senke

I–IIb

Auf die Problematik des tieferen Untergrundes der Norddeutsch-Polnischen Senke wurde bereits einleitend eingegangen.

III

An der Basis des Oberperms treten am Südrand der Provinz bedeutende Buntmetallmineralisationen dort auf, wo die jungpaläozoisch-mesozoischen Sedimente von der Saxothuringischen Zone des varistischen Orogens unterlagert werden (Nordrand des Lausitzer Blockes). Kalisalze sind im Zechstein 2 (Staßfurt-Serie) regional und im Zechstein 3 (Leine-Serie) lokal (Scholle von Calvörde, Staakow) verbreitet. Auftreten zahlreicher Salzstöcke. Im Jura kommt es in verschiedenen Teilen der Senke zur Bildung oolithischer oxidischer und silikatisch-karbonatischer Fe-Anreicherungen.

Lit.: ERZBERGER (1965), FRANZ (1965), JUBITZ (1967), KÖLBEL (1967), LÖFFLER (1963), NÖLDEKE (1967), REICHENBACH (1963), RENTZSCH & LANGER (1963), RENTZSCH, LUDWIG & MEYER (1965).

C 2 Metallogenetische Subprovinz der Subhercynen Senke

I–IIa

Auftreten altpaläozoischer Sedimente

IIb

Im Siles und Autun zum größten Teil Hebungsgebiet. Im Westteil tritt im Autun ein bedeutender rhyolithischer und andesitischer Vulkanismus auf. Im Saxon sind Molassebildungen weit verbreitet.

III

Weitere Absenkung; an der Basis des Oberperms treten Buntmetallanreicherungen in Abhängigkeit von der paläogeographischen Situation und der Unterlagerung durch Molassebildungen auf. Im Zechstein 2 (Staßfurt-Serie) werden bedeutende Stein- und Kalisalzvorkommen (Staßfurt, Aschersleben, Bernburg, Allertalgraben) gebildet. Örtlich sind im Lias oolithische oxidische und silikatische Eisenerze vorhanden (Badeleben-Sommerschenburg). An der Kreidebasis kam es lokal zur Bildung oxidischer Trümmereisenerze (Fallstein).

Lit.: BACH, I. (1964), BEIN (1966), GOTTESMANN, B. (1966), GROSS (1965), LÖFFLER (1962).

C 3 Metallogenetische Subprovinz der Thüringer Senke i. w. S.

I–IIa

Das metallogenetisch bedeutsamste Element des Untergrundes ist die Kristallinzone der Mitteldeutschen Schwelle. Die randlich der Thüringer Senke nachgewiesenen geologischen Einheiten setzen sich entsprechend der regionalgeologischen Situation unter dem Deckgebirge fort, z. B. auch sedimentäre Lagerstätten. So wurde eine nordöstliche Fortsetzung der Vorkommen ordovizischer Eisenerze im Raum Rudolstadt unter permischer und mesozoischer Bedeckung nachgewiesen.

Lit.: BEHR (1966), NEUMANN (1966), SCHMIDT & HÄHNEL (1963).

IIb

Ab Siles Einsenkung des Bereiches der Mitteldeutschen Schwelle, Ausbildung und Entwicklung ähnlich der in der Subprovinz des Thüringer Waldes. Gliederung durch einzelne Aufragungen der tieferen Stockwerke. Im Südosten Auftreten bzw. Übergreifen abgeschlossener kleiner intramontaner Senken (Rudolstädter Becken, Gera). Das Vorhandensein von Vulkaniten bleibt im wesentlichen auf den südwestlichen und nordöstlichen Randbereich beschränkt.

III

Weitere Absenkung; Zechsteintransgression, oberpermische Sedimentation, die im Südostteil vorwiegend lagunär war. Daran folgt anschließend die Ablagerung mesozoischer Sedimente. Buntmetallanreicherungen treten an der Basis des Oberperms dort auf, wo die Sedimente über den intramontanen Molassetrögen liegen (Bereich der Saar—Saale-Senke, Rudolstädter Becken, Gera). Die Cu-Lagerstätten des SE Harzvorlandes liegen vorwiegend über dem N-Rand der Kristallinzone des Saxothuringikums. Im Zechstein 2 (Staßfurt-Serie) werden bedeutende Stein- und Kalisalzvorkommen gebildet (Südharzkalirevier, Unstrutkalirevier usw.). Am Rand des Thüringer Waldes, an der Grenze zur Ostthüringischen Subprovinz und zur Subprovinz des Harzes treten auf hercynisch streichenden Bruchstörungen saxonische Mineralisationen mit $BaSO_4$ (Königsee, Könitz, Gera, Kelbra) und BiCoNi-Vererzungen (Catterfeld, Mansfelder Rücken) auf. Örtlich sind CaF_2-Lager im Oberperm vorhanden (Caaschwitz).

Lit.: FREESE & JUNG (1965), KNITZSCHKE (1966), KRÜGER (1962), REH (1959b), RENTZSCH (1964), RENTZSCH & KNITZSCHKE (1965), SEIDEL (1964a, b, c), STOLLE (1967), TONNDORF (1965), ULLRICH (1964), WERNER (1966).

C 4 Metallogenetische Subprovinz der Südthüringisch-Fränkischen Senke

Diese Subprovinz umfaßt das Verbreitungsgebiet der Trias südwestlich des Thüringer Waldes und des Thüringer Schiefergebirges.

I—IIb

Die geologischen Einheiten der Subprovinz des Thüringer Waldes und der Ostthüringischen Subprovinz setzen sich unter dem Deckgebirge fort. Im Übergangsstockwerk kommen Vulkanite vor, z. B. im Kleinen Thüringer Wald.

III

Zum Teil starke Einsenkung. Im NW-Teil treten in Abhängigkeit von der paläogeographischen Situation Buntmetallanreicherungen an der Basis des Oberperms auf (Stadtlengsfeld—Oberkatz). Im Zechstein (Werra-Serie) wurden bedeutende Kalisalzlagerstätten gebildet (Werrakalirevier).

An bruchtektonischen Störungen, vor allem in den Randbereichen des Thüringer Waldes und des Kleinen Thüringer Waldes treten saxonische Mineralisationen mit $BaSO_4$, CaF_2, Mn-Oxiden sowie BiCoNi-Mineralisationen z. T. bis ins Deckgebirgsstockwerk hinein auf (Schmalkalden, Gethles, Schweina).

Lit.: DIETRICH (1965), HOPPE (1960), RENTZSCH (1964), SCHRÖDER (1966), WERNER (1958, 1966).

4. Zu einigen weiteren metallogenetischen Problemen

Eine aus der geologisch-tektonischen Entwicklung heraus abgeleitete Rayonierung gestattet, die metallogenetischen Besonderheiten der einzelnen Einheiten durch Vergleich zu erkennen. Die metallogenetische Bewertung der Gebiete muß somit im wesentlichen durch Vergleich des geologisch-tektonischen Regimes und der auf Grund dessen gebildeten Gesteine bzw. Gesteinsformationen einer metallogenetischen Einheit mit der anderen herbeigeführt werden. So ist es z. B. unumgänglich, daß die metallogenetische Einschätzung der Vulkanitkomplexe Nordwestsachsens und von Halle auf der spezifischen geologisch-tektonischen Position beider Gebiete, d. h. auf der Zugehörigkeit des ersteren zum südlichen Teiltrog der varistischen Geosynklinale und des letzteren zu einer Geoantiklinale, basieren muß.

In diesem Zusammenhang erscheint uns die Analyse der jeweiligen metallogenetischen Spezialisierung eines Gesteins, einer Formation oder auch einer größeren geologisch-tektonischen Einheit als eine der wichtigsten zukünftigen Aufgaben.

Unter metallogenetischer Spezialisierung wollen wir die Summe aller geologisch-tektonisch-historischen, geochemischen, mineralogisch-petrographischen und geophysikalischen Eigenheiten eines Gesteinskomplexes verstehen, die im positiven oder negativen Sinn eine Aussage über die potentielle Möglichkeit der Bildung von Elementanreicherungen im Verlaufe der Entstehung dieses Gesteinskomplexes und seiner weiteren Entwicklung erlauben.

Bei der metallogenetischen Spezialisierung sind zwei Aspekte zu beachten:

a) die tektonisch-strukturellen Besonderheiten (Form—Gefüge-Beziehungen), gesehen als Funktion des Raumes und der Zeit (= tektonisch-strukturelle Spezialisierung);

b) die geochemisch-mineralogischen Besonderheiten (Stoff-Beziehungen), gleichfalls gesehen als Funktion des Raumes und der Zeit (= geochemisch-mineralogische Spezialisierung).

Bereits gegenwärtig zeichnet sich ab, daß beide Aspekte, z. B. bei der Voraussage von Lagerstätten des endogenen Typs, nicht gleichwertig sind. So haben die geochemisch-mineralogischen Besonderheiten der Spezialisierung eine große Bedeutung für die Voraussage von Lagerstätten, die eine starke syngenetische Komponente besitzen, d. h. mit dem unmittelbaren (spezialisierten) Nebengestein genetisch eng verwandt sind, z. B. intramagmatische Anreicherungen (Cr, Ti, Ni), aber auch solche Mineralisationen mit Sn, W, Mo und Be, deren epigenetische Komponente relativ gering ist. Die tektonisch-strukturellen Besonderheiten spielen wiederum die Hauptrolle bei der Voraussage typisch epigenetischer Lagerstätten, vor allem bei solchen, deren Substanzen weit gewandert sind und die keine genetischen (die Herkunft der Elemente betreffenden) Beziehungen zum unmittelbaren Nebengestein aufweisen, wie z. B. CaF_2-$BaSO_4$-Lagerstätten.

Im Zusammenhang mit der genannten Problematik steht auch die Erscheinung, daß endogene Lagerstätten mit starker syngenetischer Komponente in Abhängigkeit von der geochemisch-mineralogischen Spezialisierung des Muttergesteins metallogenetisch stärker differenziert sind, d. h. viele Typen bilden, während Lagerstätten mit starker epigenetischer Komponente auch über relativ große Flächen hinweg metallogenetisch recht einheitlich aufgebaut sein können. Als Beispiel für den zuerst genannten Typ kann die Ausbildung und Verteilung von Zinnlagerstätten gelten. Obwohl im gesamten zu betrachtenden Gebiet varistische granitische Magmatite vorkommen, ist die regionale Verteilung von Zinnlagerstätten völlig einseitig auf das Erzgebirge beschränkt. Dabei treten selbst innerhalb dieser metallogenetischen Einheit noch außerordentlich unterschiedliche Lagerstättentypen auf. Baryt-Fluorit-Lagerstätten hingegen, die den zuletzt genannten Typ repräsentieren sind in Abhängigkeit von der regionalen und lokalen bruchtektonischen Situation praktisch im gesamten Untersuchungsgebiet gebildet worden, wobei eine bemerkenswerte Konstanz in der Altersfolge und der Paragenese der Minerale auch über metallogenetische Einheiten hinweg hervorzuheben ist.

Für die Durchsicht des Manuskriptes und für kritische Hinweise sind wir P. BANKWITZ, D. FRANKE, K. SCHMIDT, E. SCHROEDER und A. SÖLLIG, Berlin, sehr zu Dank verpflichtet.

Zusammenfassung

In der vorliegenden Arbeit wird ein Vorschlag für die metallogenetische Rayonierung des Territoriums der Deutschen Demokratischen Republik unterbreitet. Da die Position einer metallogenetischen Einheit nur aus ihrer historischen, geologisch-tektonischen Entwicklung verstanden und interpretiert werden kann, ist es notwendig, bei der Rayonierung von den geologisch-tektonischen Baueinheiten zeitlich begrenzter metallogenetischer Stockwerke auszugehen. Für das Gebiet der DDR werden vier metallogenetische Stockwerke ausgehalten:

1. ein prävaristisches Stockwerk,
2. ein (varistisches) Geosynklinalstockwerk,
3. ein (varistisches) Übergangsstockwerk sowie
4. ein (postvaristisches) Tafelstockwerk.

Aus metallogenetischer Sicht wird das Territorium der DDR aus zwei Struktureinheiten aufgebaut, dem varistisch konsolidierten Südteil mit postvaristisch aufgelagerten Sedimenten sowie dem aus mächtigen, tektonisch wenig verformten paläozoischen und mesozoischen sowie känozoischen Sedimenten bestehenden Nordteil.

Der Hauptteil der Arbeit beschäftigt sich mit der Untergliederung und metallogenetischen Rayonierung des Territoriums der DDR, im wesentlichen seines Südteils, in einzelne metallogenetische Zonen, Subzonen und Subprovinzen. Die metallogenetischen Einheiten werden kursorisch beschrieben und die metallogenetischen sowie lagerstättenkundlich wichtigsten Besonderheiten angegeben. Abschließend wird auf einige weitere allgemeinere metallogenetische Probleme, insbesondere auf das der metallogenetischen Spezialisierung, aufmerksam gemacht.

Резюме

В предложенной работе приводится предложение металлогенического районирования территории Германской Демократической Республики. Поскольку положение какой-либо металлогенической единицы становится понятным и объяснимым лишь из ее исторического и геолого-тектонического развития, авторы считали необходимым исходить при районировании из геолого-тектонических единиц, которые соответствуют определенным по времени металлогеническим этажам. На территории ГДР были выделены четыре металлогенических этажа:

1. доварисцийский этаж,
2. (варисцийский) геосинклинальный этаж,
3. (варисцийский) переходный этаж,
4. (поставарисцийский) платформенный этаж.

С металлогенической точки зрения территория ГДР состоит из двух структурных единиц: варисцийски консолидированная южная часть, с наложенными поставарисцийскими осадками и мощные тектонически слабо измененные палеозойские, мезозойские, а также кайнозойские осадки северной части ГДР.

Главное внимание в данной работе уделяется подразделению и металлогеническому районированию территории ГДР, прежде всего ее южной части на отдельные металлогенические зоны, субзоны и субпровинции. Приводятся короткие описания отдельных металлогенических единиц и важнейших особенностей в отношении их металлогении и рудоносности.

В заключение авторы указывают на некоторые общие металлогенические проблемы, в первую очередь на проблему металлогенической специализации.

Summary

In the present paper a suggestion is made as to a regional metallogenetic division of the territory of the German Democratic Republic. As the position of a metallogenetic unit can only be understood and interpreted from its historical, geological-tectonic development, such a division must proceed from geological-tectonic units of chronologically limited metallogenetic stockworks. For the territory of the G.D.R. the following four metallogenetic stockworks are distinguished:

1. a pre-Variscan stockwork,
2. a (Variscan) geosynclinal stockwork,
3. a (Variscan) transitional stockwork, as well as
4. a (post-Variscan) platform stockwork.

Metallogenetically the territory of the G.D.R. is built up of two structural units, viz. the Variscan-consolidated southern part with post-Variscan superposed sediments, as well as the northern part consisting of thick, tectonically not much deformed Palaeozoic, Mesozoic and Cainozoic sediments.

The main part of the paper deals with a subdivision and regional metallogenetic division of the territory of the G.D.R., mainly of its southern part, into individual metallogenetic zones, subzones and subprovinces. The metallogenetic units are cursorily described and the most important peculiarities are given with respect to the metallogeny and geology of mineral deposits. Final remarks deal with some other more general metallogenetic problems, with particular attention given to the problem of metallogenetic specialization.

Literatur

BACH, I.: Mikrofauna und Geochemie als Faziesindikatoren in der Unterkreide am Kleinen Fallstein. – Ber. geol. Ges. DDR, **9**, 339–350, Berlin 1964.

BANKWITZ, P., & T. KAEMMEL: Das Thüringer Hauptgranitmassiv und sein südöstlicher Rahmen. – Abh. dt. Akad. Wiss. Berlin, Kl. Chemie, Geol. Biol., 3, Berlin 1957.

BAUMANN, L.: Tektonik und Genesis der Erzlagerstätten von Freiberg (Zentralteil). – Freiberger Forsch.-H., C 46, Berlin 1958.

– Die Erzlagerstätten der Freiberger Randgebiete. – Freiberger Forsch.-H., C 188, Leipzig 1965.

– Zur Frage der varistischen und postvaristischen Mineralisation im sächsischen Erzgebirge. – Freiberger Forsch.-H., C. 209, 15–36, Leipzig 1967.

BAUMANN, L., & H. J. RÖSLER: Zur genetischen Einstufung varistischer und postvaristischer Mineralisationen in Mitteleuropa. – Bergakademie, **19**, 11, 660–664, Berlin 1967.

BAUMANN, L., & G. WEINHOLD: Zum Neuaufschluß des sogenannten „Felsithorizontes“ von Halsbrücke. – Z. angew. Geol., **9**, 338–345, Berlin 1963.

BAUMANN, L., & C.-D. WERNER: Die Gangmineralisation des Harzes und ihre Analogien zum Erzgebirge und zu Thüringen. – Ber. dt. Ges. geol. Wiss., B, **13**, 525–548, Berlin 1968.

BAUMANN, L., G. DÖRNFELD & G. TISCHENDORF: Zur künftigen Entwicklung der Minerogenie (Metallogenie). – Ber. dt. Ges. geol. Wiss., A, **13**, 439–460, Berlin 1968.

BAUTSCH, H.-J.: Über die Sulfide in den Lamprophyren der Lausitz und ihre genetische Ableitung. – Geologie, **12**, 362–364, Berlin 1963.

BEHR, H. J.: Beiträge zur petrographischen und tektonischen Analyse des sächsischen Granulitgebirges. – Freiberger Forsch.-H., C 119, Berlin 1961.

– Das metamorphe Grundgebirge im Thüringer Becken. – Ber. dt. Ges. geol. Wiss., A, **11**, 39–56, Berlin 1966.

BEIN, E.: Ergebnisse gravimetrischer Messungen im nördlichen Harzvorland. – Z. angew. Geol., **12**, 19–26, 62–67, Berlin 1966.

BENEK, R.: Der Bau des Rambergplutons im Harz. – Abh. dt. Akad. Wiss. Berlin, Kl. Bergbau, Hüttenwesen Montangeol., 1, 7–80, Berlin 1967.

BOLDUAN, H., F. RICHTER & G. TISCHENDORF: Ergebnisse von Untersuchungsarbeiten auf Baryt im Gebiet von Schneckenstein (Vogtland). – Z. angew. Geol., **7**, 11–19, Berlin 1961.

BRÄUER, H.: Geochemische Gliederung granitischer Gesteine des Thüringer Waldes und Erzgebirges und ihre lagerstättengenetische Bedeutung. – Freiberger Forsch.-H., C 209, 153 –168, Leipzig 1967.

BRAUSE, H.: Das verdeckte Altpaläozoikum der Lausitz und seine regionale Stellung. – Abh. dt. Akad. Wiss. Berlin, Kl. Bergbau, Hüttenwesen, Montangeol., 1968, Nr. 1, Berlin 1969.

BRAUSE, H., W. GOTTE & H. DOUFFET: Gesetzmäßigkeiten in der saxothuringischen Zone des Varistikums und ihre Beziehungen zu älteren Orogenen. – XXIII. Intern. Geologenkongr., **3**, 199–212, Praha 1968.

BRINKMANN, R.: Die Mitteldeutsche Schwelle. – Geol. Rdsch., **36**, 56–66, Stuttgart 1948.

CHROBOK, S.: Untersuchungen zur Geologie des Brockenmassivs. – Geologie, Beih. 48, Berlin 1965.

CHRT, J., H. BOLDUAN und Autorenkollektiv: Die postmagmatische Mineralisation des Westteils der Böhmischen Masse. – Sb. geol. věd, ř. LG, 8, 113–192, Praha 1966.

CHRT, J., H. BOLDUAN, K.-H. BERNSTEIN, J. LEGIERSKI u. a.: Räumliche und zeitliche Beziehungen der endogenen Mineralisation der Böhmischen Masse zu Magmatismus und Bruchtektonik. – Z. angew. Geol., 14, 362 bis 375, Berlin 1968.

DETTE, K.: Metallogenetische Karten für die Deutsche Demokratische Republik. – Z. angew. Geol., 7, 42–43, Berlin 1961.

DIETRICH, M.: Fazies und Paläogeographie des Jungpaläozoikums und der unteren Glieder der Werra-Serie im Werra-Fulda-Becken und seinen Randgebieten. – Freiberger Forsch.-H., C 193, 55–81, Leipzig 1965.

DÖRNFELD, G.: Zu Problemen der Metallogenie und der Lagerstättenprognose. – Z. angew. Geol., 13, 225–229, Berlin 1967.

ENGERT, P.: Beiträge zur Stratigraphie und Tektonik des Elbtalschiefergebirges. – Geologie, Beih. 16, Berlin 1956.

– Der prätertiäre Untergrund von Nordwestsachsen und seine Tektonik. – Ber. geol. Ges. DDR, 2, 165–176, Berlin 1957.

ERZBERGER, R.: Zur Paläogeographie und Verbreitung der Rotfärbung in der Werra-Serie (Zechstein 1) Südbrandenburgs. – Freiberger Forsch.-H., C 193, 25–39, Leipzig 1965.

ERZBERGER, H., T. KAEMMEL, B. MEISSNER, W. NÖLDEKE & C. SIEGERT: Zur Stellung des südbrandenburgischen Grundgebirges innerhalb der saxothuringischen Zone im Lichte von Neuaufschlüssen. – Krystalinikum, 2, 22–38, Prag 1964.

FANDRICH, K.: Zur vulkanologischen und petrologischen Analyse des oberdevonischen Initialmagmatismus der Elbtalzone und der nördlichen Schieferhülle des Granulitgebirges. – Diss. Inst. Miner. u. Lagerstättenlehre, Bergakad. Freiberg 1965.

FRANKE, D.: Zu den Varisziden und zum Problem der Kaledoniden im nördlichen Mitteleuropa. – Ber. dt. Ges. geol. Wiss., A, 12, 83–140, Berlin 1967.

FRANKE, D., & E. SCHROEDER: Das variszische Orogen nördlich des Böhmischen Massivs. – Geologie, 17, 647–660, Berlin 1968.

FRANZ, R.: Metallfazies und Rote Fäule im Unteren Zechstein bei Spremberg-Weißwasser. – Freiberger Forsch.-H., C 193, 41–54, Leipzig 1965.

FREESE, C., & W. JUNG: Über die Rotfärbung der Basalschichten des Zechsteins (Rote Fäule) und ihre Beziehungen zum Nebengestein im südlichen Harzvorland. – Freiberger Forsch.-H., C 193, 9–24, Leipzig 1965.

GOTTESMANN, B.: Mineralogisch-petrologische Untersuchungen an den oolithischen Eisenerzen des Jura von Sommerschenburg westlich Magdeburg. – Geologie, 15, 309 – 339, Berlin 1966.

GOTTESMANN, B., & W. KNOTH: Petrographie und regionalgeologische Stellung des Granodiorits von Pretzsch (Elbe). – Geologie, 15, 1023 bis 1032, Berlin 1965.

GRÄBE, R.: Ausbildung und Entstehung der oberdevonischen Roteisenerze und ihrer Nebengesteine im Schleizer Trog. – Ber. geol. Ges. DDR, 1, 155–198, Berlin 1956.

GROSS, A.: Erkundungsergebnisse der Eisenerzlagerstätte Sommerschenburg-Süd, Subherzyn. – Z. angew. Geol., 11, 289–297, Berlin 1965.

HARLASS, E., & H. SCHÜTZEL: Zur paragenetischen Stellung der Uranpechblende in den hydrothermalen Lagerstätten des westlichen Erzgebirges. – Z. angew. Geol.,11, 569–582, Berlin 1965.

HERRMANN, G.: Die Granite des Westerzgebirges und des Vogtlandes und ihre Beziehungen zu granitischen Gesteinen benachbarter Räume. – Diss. Inst. Miner. u. Lagerstättenlehre, Bergakad. Freiberg 1967.

HIRSCHMANN, G.: Assyntische und variszische Baueinheiten im Grundgebirge der Oberlausitz. – Freiberger Forsch.-H., C 212, Leipzig 1966.

HIRSCHMANN, G., K. HOTH & W. LORENZ: Die sedimentologisch-tektonische Entwicklung der Saxothuringisch-Lugischen Zone im Proterozoikum und tiefen Paläozoikum. – XXIII. Intern. Geologenkongr., 4, 141–155, Praha 1968.

HOPPE, W.: Die Kali- und Steinsalzlagerstätten des Zechsteins in der Deutschen Demokratischen Republik. Teil I: Das Werragebiet. – Freiberger Forsch.-H., C 97/I, Berlin 1960.

HOTH, K., & W. LORENZ: Die skarnhöffigen Horizonte des westlichen Erzgebirges. – Geologie, 15, 769–799, Berlin 1966.

HÖSEL, G.: Die Skarnlager im Raum Schwarzenberg (Erzgebirge). – Ber. dt. Ges. geol. Wiss., B, 13, 469–477, Berlin 1968.

HOYNINGEN-HUENE, E. v.: Zur Geologie der Kupfervorkommen im Rotliegenden von Zwickau. – Freiberger Forsch.-H., C 58, 93–105, Berlin 1959.

HUTH, R.: Brattendorf – eine kleine Red-Bed-Lagerstätte im Thüringer Wald. – Z. angew. Geol., 1, 123–125, Berlin 1955.

JUBELT, R.: Methodik der Erkundung silikatischer Nickellagerstätten. – Z. angew. Geol., 2, 395–407, Berlin 1956.

– Petrographie und Petrogenese der „Metabasite" im Sächsischen Granulitgebirge. – Ber. geol. Ges. DDR, 10, 523–565, Berlin 1965.

JUBITZ, K. B.: Zum geologischen Fortschritt im Norddeutschen Flachland. – Ber. dt. Ges. geol. Wiss., A, 12, 41–50, Berlin 1967.

KAUTZSCH, E.: Geochemische Probleme bei der Durchführung der metallogenetischen Analyse und bei der Anfertigung metallogenetischer Karten auf dem Territorium der DDR. (russ.) – Tr. Geochim. Konf., Chimija semnoi kori, T. II, 567–580, Moskau 1964.

– Metallprovinzen-Metallepochen. – Bergakademie, 19, 76–79, Leipzig 1967.

KNITZSCHKE, G.: Zur Erzmineralisation, Petrographie, Hauptmetall- und Spurenelementführung des Kupferschiefers im SE-Harzvorland. – Freiberger Forsch.-H.,; C 207, Leipzig 1966.

KOCH, R. A.: Die Anschauungen über die Eruptionsfolgen und die Ausbruchstellen der Halleschen Vulkanite in der geologischen Forschung. – Ber. geol. Ges. DDR, 7, 413–426, Berlin 1962.

KÖLBEL, H.: Große Seitenverschiebungen und Horizontalflexuren im deutschen Grundgebirge und ihre lagerstättenkundliche Bedeutung. – Geologie, 3, 445–450, Berlin 1954.

– Allgemeiner Überblick über die paläogeographische und tektonische Stellung des Nordostdeutschen Tieflandes nebst Einführung in die Problemstellung. – Ber. dt. Ges. geol. Wiss., A, 12, 51–64, Berlin 1967.

– Regionalgeologische Stellung der DDR im Rahmen Mitteleuropas. – Grundriß der Geologie der DDR, Akad.-Verlag, 18–66, Berlin 1968.

KOSSMAT, F.: Gliederung des variszischen Gebirgsbaues. – Abh. sächs. geol. Landesamt, 1, 1–39, Leipzig 1927.

KRAUME, E., u. a.: Die Erzlager des Rammelsberges bei Goslar. – Beih. Geol. Jahrb., 18, Hannover 1955.

KRÜGER, P.: Über syngenetisch-sedimentären Fluorit im Plattendolomit des Geraer Beckens. – Bergakademie, 10, 742–750, Berlin 1962.

KURZE, M.: Die tektonisch-fazielle Entwicklung im Nordostteil des Zentralsächsischen Lineaments. – Freiberger Forsch.-H., C 201, Leipzig 1966.

LANGE, H.: Paragenetische und genetische Untersuchungen an der Schwefelkieslagerstätte „Einheit" bei Elbingerode/Harz. – Freiberger Forsch.-H. C 33, Berlin 1957.

– Genetische Probleme der Skarnlagerstätten im Erzgebirge. – Bergakademie, 14, 65–68, Berlin 1962.

LEEDER, O.: Die Einstufung von mitteleuropäischen Ganglagerstätten mit Hilfe des Gehaltes an Seltenen Erden. – Freiberger Forsch.-H., C 209, 99–119, Leipzig 1967.

LEUTWEIN, F., & L. PFEIFFER: Ergebnisse und Anwendungsmöglichkeiten geochemischer Prospektionsmethoden auf hydrosilikatische Nickelerze. – Geologie, 3, 950–1008, Berlin 1954.

LEUTWEIN, F., & H. J. RÖSLER: Geochemische Untersuchungen an paläozoischen und mesozoischen Kohlen Mittel- und Ostdeutschlands. – Freiberger Forsch.-H., C 19, Berlin 1956.

LÖFFLER, J.: Die Kali- und Steinsalzlagerstätten des Zechsteins in der DDR. – Freiberger Forsch.-H., C 97/III, Berlin 1962.

– Zur Verbreitung des Kalisalzflözes Staßfurt (K 2) im östlichen Mitteleuropa. – Z. angew. Geol., 9, 523–527, Berlin 1963.

LORENZ, W., & K. HOTH: Die lithostratigraphische Gliederung des kristallinen Vorsilurs in der Fichtelgebirgisch-erzgebirgischen Antiklinalzone. – Geologie, Beih. 44, Berlin 1964.

– Räumliche Gesetzmäßigkeiten der Skarnverbreitung im Erzgebirge. – Geologie, 16, 1007–1030, Berlin 1967.

– Die geologische Stellung der erzgebirgischen Skarnlager. – Ber. dt. Ges. geol. Wiss., B, 13, 497–503, Berlin 1968.

LÖTZSCH, F.: Zur metallogenetischen Analyse des Südens der DDR. – Z. angew. Geologie, 14, 338–355, Berlin 1968.

MÄDLER, J., & H. SCHRÖDER: Tektonik, Mineralisation und Nebengestein der Schwerspatlagerstätte Friedenstein bei Ruhla. – Ber. dt. Ges. geol. Wiss., B, 12, 239–255, Berlin 1967.

MEINEL, G.: Lagerstättenkundliche Ergebnisse und Methodik der Erkundung von Erzlagervorkommen des spätvaristischen Magmatismus im ostthüringischen Schiefergebirge. – Ber. geol. Ges. DDR, 7, 206–217, Berlin 1962.

MÖBUS, G.: Lausitzer Grundgebirge – Erzgebirge, ein petrogenetischer Vergleich. – Geologie, 10, 749–762, Berlin 1961.

– Die geotektonische Entwicklung des Grundgebirges im Raum Erzgebirge – Elbtalzone – Lausitzer Grundgebirge – Westsudeten. – Abh. dt. Akad. Wiss. Berlin, Kl. Chem., Geol. Biol., Nr. 5; Abh. Geotekt., Nr. 22, Berlin 1964.

– Tektogenese und Magmatismus im Gebiet der Deutschen Demokratischen Republik. – Geologie, 17, 631–646, Berlin 1968.

MÖBUS, G., & W. LINDERT: Das Granitmassiv von Königshain bei Görlitz (Oberlausitz). – Abh. dt. Akad. Wiss. Berlin, Kl. Bergbau, Hüttenwesen Montangeol., Nr. 1, 83–160, Berlin 1967.

MOENKE, H.: Spurenelemente in variskischen und prävariskischen deutschen Graniten. – Chemie der Erde, 20, 227–301, Jena 1960.

NETSCHAJEW, S. W.: Über die stratigraphische Stellung und den Stoffbestand der erzführenden Horizonte im westlichen Erzgebirge. – Ber. dt. Ges. geol. Wiss., B, 13, 445–467, Berlin 1968.

NETSCHAJEW, S. W., & E. FRITSCH: Wesenszüge einer Antimonvererzung im Gebiet Dorfchemnitz – Hormersdorf (Erzgebirge). – Z. angew. Geol., 12, 505–511, Berlin 1966.

NEUMANN, W.: Zum Stand der Erforschung des kristallinen Grundgebirges von Ruhla – Brotterode. – Abh. dt. Akad. Wiss., Kl. Bergbau, Hüttenwesen Montangeol., Nr. 2, 327–348, Berlin 1964.

– Versuch eines lithostratigraphischen Vergleiches von Grundgebirgsanschnitten im Bereich der Mitteldeutschen Schwelle. – Geologie, 15, 942–962, Berlin 1966.

NÖLDEKE, W.: Überblick über die Eisenerzführung in Jura und Kreide des Nordteils der DDR. – Ber. dt. Ges. geol. Wiss., A, 12, 315–327, Berlin 1967.

OELSNER, O.: Die pegmatitisch-pneumatolytischen Lagerstätten des Erzgebirges mit Ausnahme der Kontaktlagerstätten. – Freiberger Forsch.-H., C 4, Freiberg 1952.

– Bemerkungen zur Genese der Magnetkies-Pentlandit-Lagerstätte Sohland/Spree. – Freiberger Forsch.-H., C 10, 33–45, Berlin 1954.

– Die erzgebirgischen Granite, ihre Vererzung und die Stellung der Bi-Co-Ni-Formation innerhalb dieser Vererzung. – Geologie, 7, 682–701, Berlin 1958.

OELSNER, O., & G. TISCHENDORF: Über einige Mineralvorkommen im Pyroxengranulit von Hartmannsdorf bei Karl-Marx-Stadt. – Geologie, 6, 279–288, Berlin 1957.

OELSNER, O., M. KRAFT & H. SCHÜTZEL: Die Erzlagerstätten des Neudorfer Gangzuges. – Freiberger Forsch.-H., C 52, Berlin 1958.

PÄLCHEN, W.: Zur Geochemie und Petrologie der postorogenen varistischen Magmatite des sächsischen Osterzgebirges. – Diss. Inst. Miner. Lagerstättenlehre Bergakad. Freiberg 1968.

PFEIFFER, L.: Beiträge zur Petrologie des Meißener Massivs. – Freiberger Forsch.-H., C 179, Leipzig 1964.

QUELLMALZ, W.: Lagerstättengenetische und tektonische Untersuchungen der an die Schönbrunner Spalte geknüpften hydrothermalen Lagerstätten. – Jb. staatl. Mus. Miner. Geol. Dresden, 1–38, Dresden 1959.

REH, H.: Einige Bemerkungen zur Entstehung der Thüringer saxonischen Lagerstätten. – Z. angew. Geol., 5, 293–296, Berlin 1959 [1959a].

– Zur Entwicklung des Kupferschiefers im Thüringer Becken. – Ber. geol. Ges. DDR, Bd. 4, 288–298, Berlin 1959 [1959b].

– Über die Beziehungen postmagmatischer Lagerstätten zu den jungvariskischen Graniten im Thüringer Schiefergebirge und Vogtland. – Z. angew. Geol., 8, 565–570, Berlin 1962.

– Probleme der Darstellung in metallogenetischen Karten. – Freiberger Forsch.-H., C 186, 201–212, Leipzig 1965.

REICHEL, W.: Zyklische Sedimentation und ihre Ursachen im Unterrotliegenden des Döhlener Beckens. – Geologie, 17, 875–884, Berlin 1968.

REICHENBACH, W.: Zechstein der Scholle von Calvörde. – Exkurs.-Führer 10. Jahrestag. geol. Ges. DDR, 5–12, Berlin 1963.

REICHSTEIN, M.: Die fazielle Sonderentwicklung im Elbingeröder Raum des Harzes. – Geologie, 8, 13–46, Berlin 1959.

RENTZSCH, J.: Beiträge zur Geochemie der Fluoritvorkommen des Thüringer Waldes. – Geologie, 7, 924–934, Berlin 1958.

– Der Kenntnisstand über die Metall- und Erzmineralverteilung im Kupferschiefer. – Z. angew. Geol., 10, 281–288, Berlin 1964.

RENTZSCH, J., & M. LANGER: Fazielle Probleme des Kupferschiefers von Spremberg-Weißwasser. – Z. angew. Geol., 9, 507–513, Berlin 1963.
RENTZSCH, J., H. LUDWIG & E. MEYER: Der Kupferschiefer im Bereich der Scholle von Calvörde. – Jb. Geol., 1, 177–205, Berlin 1965.
REUTER, F.: Die regionalgeologische Stellung der Flechtingen-Roßlauer Scholle. – Geologie, Beih. 40, Berlin 1964.
RÖSLER, H. J.: Zur Petrographie, Geochemie und Genese der Magmatite und Lagerstätten des Oberdevons und Unterkarbons in Ostthüringen. – Freiberger Forsch.-H., C 92, Berlin 1960.
– Zur Entstehung der oberdevonischen Eisenerze vom Typ Lahn-Dill in Ostthüringen. – Freiberger Forsch.-H., C 138, Berlin 1962.
– Eine Vererzung vom Kupferschiefertyp im Rotliegenden Thüringens. – Ber. geol. Ges. DDR; 9, 217–226, Berlin 1964.
RÖSLER, H. J., & J. PILOT: Die zeitliche Einstufung der sächsisch-thüringischen Ganglagerstätten mit Hilfe der K-Ar-Methode. – Freiberger Forsch.-H., C 209, 87–98, Leipzig 1967.
SÄRCHINGER, H.: Zur Auffindung und Problematik eines überdeckten und vererzten Plutonkontaktes im Gebiet der erdmagnetischen Anomalie von Delitzsch. – Ber. geol. Ges. DDR, 8, 589–593, Berlin 1964.
SATTRAN, V. und Autorenkollektiv: Problemy metalogeneze Českeho masivu. – Sb. geol. věd, ř. LG, 8, 7–112, Praha 1966.
SCHATALOW, E. T., I. V. NESENSKIJ & W. A. LINKSOW: Internationales Wörterbuch metallogenetischer Begriffe und Termini. – WSEGEI, Leningrad 1966.
SCHMIDT, K., & R. HÄHNEL: Die Gräfenthaler Serie an der SE-Flanke des Schwarzburger Sattels einschließlich der nordöstlichen Fortsetzung im Vorland des Thüringer Waldes. – Exkurs.-Führer 10. Jahrestag. geol. Ges. DDR 1963, 98–109, Berlin 1963.
SCHREIBER, A.: Das Rotliegende des Flechtinger Höhenzuges. – Freiberger Forsch.-H., C 82, Berlin 1960.
SCHRÖDER, N.: Geologisch-lagerstättenkundliche Untersuchungen an Schwerspatvorkommen im Thüringer Wald. – Ber. dt. Ges. geol. Wiss., B, 11, 173–185, Berlin 1966.
SCHÜLLER, A.: Petrographie und tektonische Stellung des metamorphen Granits von Dessau. – Jb. Miner., Abh. 121–142, Stuttgart 1961.
SCHULZ, H.: Zur Petrographie und Geochemie des Lederschiefers im Geraer Vorsprung (Ostthüringens). – Freiberger Forsch.-H., C 236, Leipzig 1968.
SCHUST, F.: Strukturelle Probleme der regionalen Metallogenie des Erzgebirges und Vogtlandes. – Z. angew. Geol., 14, 57–65, Berlin 1968.
SCHWAB, M.: Tektonische Untersuchungen im Permokarbon nördlich von Halle/Saale. – Freiberger Forsch.-H., C 139, Leipzig 1965.
SEIDEL, G.: Aufbau und Eignung der Steinsalzlagerstätten des Thüringer Beckens. – Z. angew. Geol., 10, 182–189, Berlin 1964 [1964a].
– Zur Ausbildung und Genese des Kalilagers Staßfurt im Thüringer Becken. – Z. angew. Geol., 10, 348–353, Berlin 1964 [1964b].
– Geologischer Aufbau, chemische Zusammensetzung und Eignung der Kalziumsulfathorizonte von Thüringen. – Z. angew. Geol., 10, 514–523, Berlin 1964 [1964c].
SIEGERT, C.: Zur Petrochemie der Vulkanite des Halleschen Permokarbonkomplexes. – Geologie, 16, 492–512, Berlin 1967 [1967a].
– Die zeitliche und räumliche Entwicklung des intermediären Vulkanismus im Halleschen Permokarbonkomplex. – Geologie, 16, 889–900, Berlin 1967 [1967b].
SMIRNOW, W. I.: Probleme der endogenen Metallogenese. – Z. angew. Geol., 12, 169–175, Berlin 1966.
– Die regionale Metallogenie als strategische Grundlage für das Aufsuchen von Erzlagerstätten. – Z. angew. Geol., 13, 506–511, Berlin 1967.
SPERLING, H.: Über die Paragenese und Lagerstättenstockwerke in den Blei-Zink-Erzgängen des Grubenbezirkes Bad Grund (Harz). – Erzmetall, 12, 159–164, Stuttgart 1959.
STEINER, W.: Das Rotliegende des Ilfelder Beckens und seine Beziehungen zu benachbarten Rotliegendvorkommen. – Ber. dt. Ges. geol. Wiss., A, 11, 67–117, Berlin 1966.
STILLE, H.: Das mitteleuropäische variszische Grundgebirge im Bilde des gesamteuropäischen. – Beih. Geol. Jb., 2, Hannover 1951.
STOLLE, E.: Die Kali- und Steinsalzlagerstätten des Zechsteins in der DDR, Teil II, Das Südharzgebiet. – Freiberger Forsch.-H., C 97/II, Leipzig 1967.
TISCHENDORF, G.: Zur Genesis einiger Selenidvorkommen, insbesondere von Tilkerode im Harz. – Freiberger Forsch.-H., C 69, Berlin 1959.
– Zur Zinnprognose im Erzgebirge mit Bemerkungen zu allgemeinen Metallogenie- und Prognoseproblemen. – Z. angew. Geol., 12, 338–344, 402–409, Berlin 1966.
– Das System der metallogenetischen Faktoren und Indikatoren bei der Prognose und Suche endogener Zinnlagerstätten. – Z. angew. Geol., 14, 393–405, Berlin 1968.
– Zur geochemischen Spezialisierung der Granite des Westerzgebirgischen Teilplutons. – Geologie, 19, Berlin 1970.
TISCHENDORF, G., J. WASTERNACK, H. BOLDUAN & E. BEIN: Zur Lage der Granitoberfläche im Erzgebirge und Vogtland. – Z. angew. Geol., 11, 410–432, Berlin 1965.
TONNDORF, H.: Beiträge zur Geochemie des randnahen Zechsteins in den Mulden von Zeitz bis Schmölln und Borna unter besonderer Berücksichtigung der Stratigraphie, Fazies und Paläogeographie. – Freiberger Forsch.-H., C 187, Leipzig 1965.
TRÜMPY, R.: Der Werdegang der Geosynklinale. – Geol. Rdsch., 50, 4–7, Stuttgart 1960.
ULLRICH, H.: Zur Stratigraphie und Paläontologie der marin beeinflußten Randfazies des Zechsteinbeckens in Ostthüringen und Sachsen. – Freiberger Forsch.-H., C 169, Leipzig 1964.
WATZNAUER, A.: Stratigraphie und Fazies des erzgebirgischen Kristallins im Rahmen des mitteleuropäischen Varistikums. – Geol. Rdsch., 54, 853–860, Stuttgart 1965.
– Das Territorium der DDR im geologischen Wirkungsfeld Mitteleuropas – eine Übersicht für die Zwecke der Tiefenerkundung. – Z. angew. Geol., 15, 57–63, Berlin 1969.
WATZNAUER, A., & H. KÖLBEL: Geologische Karte der DDR 1:500000 Tektonische Karte. – Zentr. geol. Inst., Berlin 1965.
WERNER, C. D.: Geochemie und Paragenese der saxonischen Schwerspat-Flußspat-Gänge im Schmalkaldener Revier. – Freiberger Forsch.-H., C 47, Berlin 1958.
– Aufbau und Genese der Nickelhydrosilikatlagerstätten im Granulitgebirge. – Ber. geol. Ges. DDR, 10, 576–590, Berlin 1965.
– Die Spatlagerstätten des Thüringer Waldes und ihre Stellung im Rahmen der saxonischen Metallprovinz Mitteleuropas. – Ber. dt. Ges. geol. Wiss., B, 11, 5–45, Berlin 1966.
WIEFEL, H.: Feinstratigraphie, Vulkanismus, Paläogeographie und Krustenbewegungen im Oberdevon und tieferen Unterkarbon im Gebiet der Lahn-Dill-Erzlagerstätte Görkwitz bei Schleiz (ostthüringisches Schiefergebirge). – Diss. Geol. Inst. Humboldt-Univ. Berlin 1966.
WILKE, A.: Die Erzgänge von St. Andreasberg im Rahmen des Mittelharz-Ganggebietes. – Beih. Geol. Jb., 7, Hannover 1952.
WOLF, M.: Der Flußspatgangzug bei Ilmenau und Gehren. – Freiberger Forsch.-H., C 148, Berlin 1964.
Grundriß der Geologie der Deutschen Demokratischen Republik. – Akademie-Verl., Berlin 1968.

Zur Anwendung moderner Methoden der sozialistischen Wirtschaftsführung in der geologischen Erkundung

JOACHIM DOMMENZ, Leipzig

Die auf dem VII. Parteitag der SED festgelegte und in der Folgezeit durch weitere Beschlüsse der Partei- und Staatsführung präzisierte Grundlinie über die Gestaltung des entwickelten gesellschaftlichen Systems des Sozialismus und des ihm adäquaten ökonomischen Systems hat in allen Bereichen unserer Volkswirtschaft die Entwicklung und Anwendung wissenschaftlicher Methoden und Instrumente der sozialistischen Wirtschaftsführung in den Mittelpunkt der Anstrengungen gerückt, die zur Erhöhung der Qualität von Planung, Leitung und Führung der Gesellschafts- und Wirtschaftsprozesse notwendigerweise unternommen werden müssen.

Auch im Wirtschaftsbereich Geologie wurde und wird in den Betrieben und Instituten, den wirtschaftsleitenden und staatlichen Organen daran gearbeitet, die Prozesse der geologischen Forschung und Erkundung sowie der Förderung von Erdöl und Erdgas systemgerecht zu gestalten und ihren Ablauf so zu organisieren, daß ihre Ergebnisse für unsere Gesellschaft von hohem Nutzen sind.

Die Problematik, die in diesem Zusammenhang hinsichtlich der sozialistischen Wirtschaftsführung im Bereich Geologie zu bewältigen ist, soll Gegenstand der folgenden Betrachtung sein.

Stellung und Bedeutung der geologischen Erkundung in der Volkswirtschaft

Zunächst ist es wichtig, die geologische Forschung und Erkundung als Teilsystem des volkswirtschaftlichen Gesamtsystems zu verstehen, ihre Stellung im gesellschaftlichen Reproduktionsprozeß abzugrenzen und die

Eingang des Manuskripts in der Redaktion: 24. 4. 1969.

Archaeopteryx lithographica H. v. Meyer

Dritter Fund 1877, Naturkundemuseum der Humboldt-Universität zu Berlin

Brachiosaurus brancai Janensch

Oberer Jura, Tendaguru (Ostafrika), Naturkundemuseum der Humboldt-Universität zu Berlin

Rezente Rutschung am Kap Arkona auf Rügen

Abb. 1. Kap Arkona von SW aus gesehen

Abb. 2. Aus dem obersten Kliffteil im Juli 1966 abgerutschtes pleistozänes Material bildet einen Schuttkegel, der ca. 40 m in die See hineinreicht.
Kap Arkona von SSW aus gesehen

Abb. 3. Das abgerutschte Pleistozänmaterial am Fuß des Kliffs; es setzt sich aus jüngerem (weichselkaltzeitlichem) Geschiebemergel sowie interglazialen Sanden und Tonen zusammen.

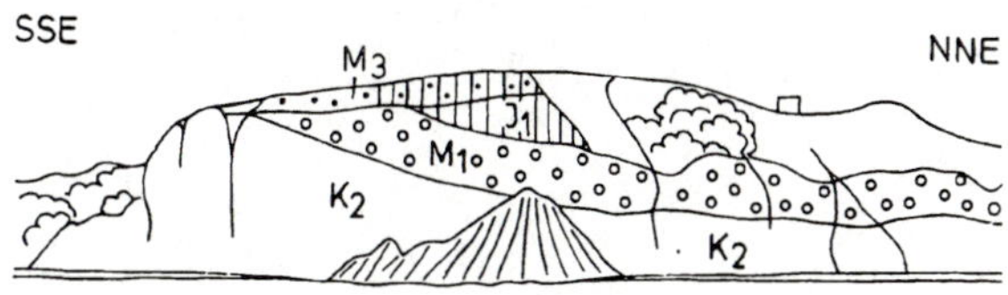

Abb. 4. Skizze zur Verdeutlichung der Lagerungsverhältnisse auf Abb. 5

K_2 – Schreibkreide, M_1 – älterer Geschiebemergel, M_3 – jüngerer Geschiebemergel, I_1 – Interglazial

Abb. 5. Nach NE einfallende Schreibkreide (Maastricht) von älterem Geschiebemergel überlagert, der als Gleithorizont diente; am Fuß des Kliffs der Schuttkegel
Kap Arkona von SE aus gesehen

Autor: R. Benek

Abb. 1. ss-Falte mit Schieferung (s_1) in Wechsellagerung von Psammiten und Tonschiefern des Unterkarbons
Röhrensteig bei Burgk, Ziegenrücker Kulmmulde

Abb. 2. Brechung der Schieferung (s_1) in einer Wechsellagerung unterkarbonischer Grauwacken und Tonschiefer
Straßenanschnitt an der Retschbachbucht des Bleilochstausees, Ziegenrücker Kulmmulde

Abb. 3. ss-Falte mit intensiver Schieferung in Phycodenschiefern des Tremadoc
Klippen bei Grünau, südlicher Rahmen des Wildenfelder Zwischengebirges

Abb. 4. s_1-Falte mit sporadisch ausgebildeter SE-fallender 2. Schieferung (s_2) in als tremadocisch angesehenen Phylliten, Klippen am Eulenwasser bei Rodewisch, Erzgebirgsphyllithülle westlich des Eibenstocker Granits

 Autor: H.-J. PAECH

dem System zu übertragende gesellschaftliche Aufgabe eindeutig zu fixieren. Dazu ist es notwendig, Charakter und Spezifik der Erkundungsarbeiten näher zu untersuchen.

Mit dem Wachsen der Produktivkräfte und zunehmender Industrialisierung eines Landes gewinnt die systematische und zielgerichtete Erkundung mineralischer Rohstoffvorkommen mehr und mehr an Bedeutung.

In einer modernen Industriegesellschaft, die durch eine hochgradige Arbeitsteilung, Spezialisierung und Kooperation gekennzeichnet ist, bildet sich die geologische Erkundung zu einem wichtigen Teilprozeß heraus, der mit einem beträchtlichen Aufwand an lebendiger Arbeit und unter Einsatz erheblicher technischer Mittel die objektiven Verhältnisse und Möglichkeiten hinsichtlich der Erschließung natürlicher Ressourcen erforscht und, auf der Grundlage der im Ergebnis dieser Arbeit gewonnenen Kenntnisse über den geologischen Bau der Erdkruste, sowie über die Gesetzmäßigkeiten der Bildung und Entstehung von Mineralkonzentrationen, Lagerstätten mineralischer Rohstoffe nachweist.

Unter sozialistischen Produktionsverhältnissen, für die die planmäßige und proportionale Entwicklung der Volkswirtschaft ein bestimmender Faktor sozialistischer Wirtschaftsführung ist, kommt der richtigen Stellung und Abgrenzung der geologischen Erkundung im volkswirtschaftlichen Reproduktionsprozeß, ihrer rationellen Organisation und Gestaltung, der Aufgabenstellung und Stimulierung eine besondere Bedeutung zu, um die natürlichen Reichtümer der Erde einer, den gesellschaftlichen Bedürfnissen und den technischen Möglichkeiten der Verwertung entsprechenden, optimalen Nutzung zugänglich zu machen.

Für die weitere Betrachtung und Analyse soll folgende systemtheoretische Darstellung zugrunde gelegt werden (Abb. 1a). Der in der Erkundung tätige Mensch wirkt entweder mit Hilfe von Arbeitsinstrumenten auf die Natur ein und wandelt die infolge der Einwirkung hervorgerufenen Reaktionen der Natur vermittels spezieller Beobachtungsinstrumente in Informationen um, die für eine geowissenschaftliche Deutung charakteristisch sind, oder er macht sich vorhandene natürliche Gegebenheiten direkt der Beobachtung zugänglich. Die vom Menschen anschließend durchgeführte Analyse und Interpretation der durch die Beobachtung gewonnenen Informationen vermittelt und erweitert einmal die Kenntnisse über das Naturobjekt und muß zum anderen Rückschlüsse über die zielgerichtete Weiterführung der Erkundungsarbeiten zulassen.

In diesem Arbeitsprozeß, der die materielle Einwirkung auf die Natur, die Beobachtung natürlicher Reaktionen und Gegebenheiten und die Deutung der gewonnenen Informationen einschließt, realisiert der Mensch unter Nutzung seiner Erfahrungen und Kenntnisse, seiner Fähigkeiten und Fertigkeiten sowie unter Berücksichtigung des im Verlaufe des Prozesses sich ständig erweiternden Erkenntnisstandes ein bestimmtes Ergebnis. Welcher Art dieses Ergebnis sein muß, um ein echtes Bedürfnis zu befriedigen und der Erweiterung der gesellschaftlichen Subsistenzmittel zu dienen, war lange Zeit eine umstrittene Frage und Gegenstand vieler, in Veröffentlichungen behandelter Diskussionen und theoretischer Untersuchungen. Im wesentlichen ging es dabei um zwei Standpunkte:

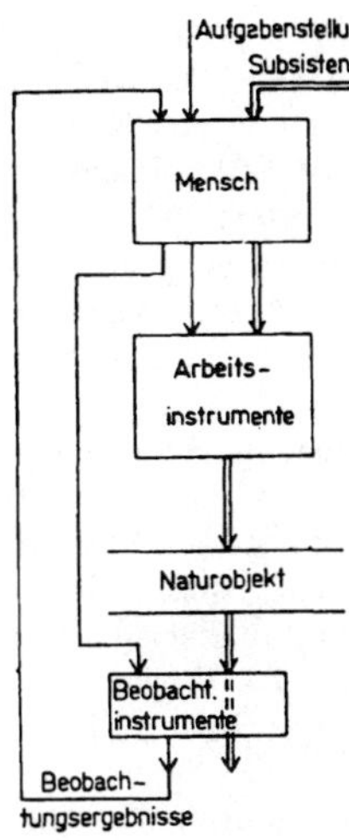

Abb. 1a

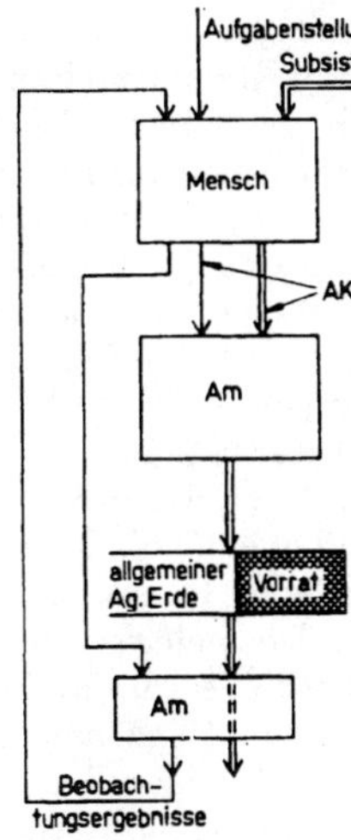

Abb. 1b

Der eine betrachtete die wissenschaftliche Aussage über die geologischen Verhältnisse mit den sich daraus ergebenden wirtschaftlichen Möglichkeiten, d. h. eine reine wissenschaftliche Leistung, als Ergebnis, während der andere den nachgewiesenen und Wert verkörpernden Vorrat als das materielle Produkt der Erkundung ansah.

Die Klärung dieser Frage zugunsten des einen oder anderen Standpunktes ist nicht nur von theoretischem Interesse, sondern von eminent praktischer Bedeutung hinsichtlich der Anwendung der Prinzipien des ökonomischen Systems in der geologischen Erkundung, nach denen die sozialistischen Betriebe auf der Grundlage der von der zentralen staatlichen Planung als Führungsgrößen vorgegebenen Aufgaben und Normative ihren Reproduktionsprozeß eigenverantwortlich und mit einer solchen Effektivität zu planen, vorzubereiten und durchzuführen haben, daß die Eigenerwirtschaftung der Mittel für die eigene erweiterte Reproduktion und die Optimalität des volkswirtschaftlichen Gesamtsystems gewährleistet ist. Spätestens mit der Einführung der Systemregelungen mußte eine Entscheidung herbeigeführt werden, sollte das ökonomische System auch im Bereich Geologie voll zur Wirkung gebracht werden.

Umfangreiche theoretische und praktische Untersuchungen, die im Staatssekretariat für Geologie, in der VVB Erdöl-Erdgas und in den Betrieben durchgeführt wurden, führten zu dem Ergebnis, daß die geologische Erkundung, als der Sphäre der materiellen Produktion angehörig, den Vorrat als Produkt ihrer Arbeit hervorbringt und ihn zu Preisen als Ausdruck der verausgabten gesellschaftlich notwendigen Arbeit bewertet erhält. Damit war gleichzeitig klargestellt, daß für die geologische Erkundung die gleichen ökonomischen Kriterien gelten wie für die übrigen Bereiche der Wirtschaft.

Analyse des Erkundungsprozesses

Versteht man die Erkundungstätigkeit als Prozeß der materiellen Produktion, so läßt die systemgerechte Zuordnung der Elemente der Produktion — Ak, Am, Ag — folgende Deutung zu (Abb. 1b):

Während der Mensch durch seine physischen und psychischen Kräfte dem Prozeß die lebendige Arbeit (Ak) vermittelt und die zur Einwirkung auf die Natur erforderlichen Arbeitsinstrumente sowie die Beobachtungsinstrumente als die spezifischen Arbeitsmittel (Am) anzusehen sind, fungiert die Natur als Arbeitsgegenstand, genauer gesagt als „allgemeiner Arbeitsgegenstand Erde", der im Verlauf des Erkundungsprozesses in den Vorrat umgewandelt wird.

Die „Verarbeitung" des allgemeinen Arbeitsgegenstands Erde erfolgt dabei in mehreren aufeinanderfolgenden Phasen (Abb. 2). Zunächst ist es notwendig, zumeist in einer bereits gezielten Richtung Grundkenntnisse über den geologischen Bau des Arbeitsgegenstands zu gewinnen oder zu erweitern und das Wirken geologischer Gesetzmäßigkeiten aufzudecken bzw. zu beherrschen (Grundlagenforschung).

In der daran anschließenden angewandten Forschung werden auf der Grundlage der Ergebnisse der ersten Phase Untersuchungen unter dem speziellen Aspekt einer wirtschaftlichen Nutzanwendung durchgeführt. Wichtigstes Ergebnis dieser Phase ist die Abgrenzung höffiger Gebiete mit der Aussage über prognostische Vorräte.

Diese höffigen Gebiete werden in der darauffolgenden Phase der Sucharbeiten mit dem Ziel bearbeitet, fündige Strukturen nachzuweisen und eine geologisch-ökonomische Bewertung vorzunehmen. Die spezielle Erkundung der fündigen Strukturen hinsichtlich des darin enthaltenen Vorrats mineralischer Rohstoffe, des Lagerstättenverhaltens und der wirtschaftlichen Verwertbarkeit erfolgt in der vierten und letzten Phase des Gesamtprozesses der geologischen Forschung und Erkundung. Sie schließt mit dem Produkt Vorrat und seiner informationellen Komponente, der Vorratsberechnung, ab.

Während die ersten beiden Phasen den geologischen Vorlauf schaffen, vollzieht sich in der dritten und vierten Phase die eigentliche geologische Produktion.

Der durch die Erkundung nachgewiesene Vorrat geht schließlich als Arbeitsgegenstand in die nachgelagerte Phase des Abbaus ein und wird dort zum Förderprodukt umgewandelt.

Die Spezifik der geologischen Forschungs- und Erkundungsarbeiten besteht also darin, daß im Ablauf der einzelnen Arbeitsphasen der allgemeine Arbeitsgegenstand Erde schrittweise auf seine Verwertbarkeit untersucht und die in ihm enthaltenen Mineralkonzentrationen als Dinge an sich und von der Natur gegeben unter Berücksichtigung der gesellschaftlichen Bedürfnisse in ein Produkt für die Gesellschaft umgewandelt werden.

Für eine weiterreichende Untersuchung der inneren Dynamik des Erkundungsprozesses soll zunächst in obiger Systemdarstellung der die Erkundung betreibende Mensch durch den produktiven Gesamtarbeiter des Systems ersetzt werden, der durch Verausgabung lebendiger Arbeit die Arbeits- und Beobachtungsinstrumente bedient, die gewonnenen geowissenschaftlichen Informationen verarbeitet, analysiert und interpretiert, der mit Hilfe dieser Informationen, ausgerichtet auf die volkswirtschaftliche Aufgabenstellung, den gesamten Prozeß plant, leitet und kontrolliert (Abb. 3).

Arbeitsinstrumente im Sinne dieser Systembetrachtung sind z. B. Generatoren zum Aufprägen künstlicher physikalischer Felder, Bohrgeräte zum Einbringen von Sprengladungen für die Erzeugung künstlicher Erdbeben, Tiefbohranlagen zur Kerngewinnung, Sonden mit aktivierender Funktion. Zu den Beobachtungsinstrumenten gehören z. B. geophysikalische Meßapparaturen, Meßsonden, Labor- und Analysengeräte.

Diese dem Gesamtarbeiter zur Verfügung stehenden modernen Arbeitsmittel stehen durch technologische Aggregation in Wechselwirkung bzw. sind durch sie spezialisiert. Die daraus formierten technologischen Teilprozesse können grob wie folgt abgegrenzt werden:

geologische Feldkartierungen,
geophysikalische Messungen,
geochemische Untersuchungen,
Bohrungen mit Kernentnahme und Laboranalyse,
bohrlochgeophysikalische Messungen,
Testarbeiten.

Diese Teilprozesse werden im Prinzip in allen Arbeitsphasen wirksam, wenn auch in unterschiedlichen Proportionen. Die im Ablauf der verschiedenen Teilprozesse gewonnenen und gegebenenfalls durch spezielle Auswertungen verdichteten Informationen lassen für sich genommen weder eine alleinige Aussage über den Abschluß einzelner Arbeitsstufen noch über die Menge des produzierten Vorrats zu. Nur durch eine komplexe Interpretation und Analyse werden solche Aussagen möglich, Aussagen also, die über den jeweiligen Bearbeitungsgrad des Arbeitsgegenstands Aufschluß geben. Da das vom Gesamtarbeiter, auf der Grundlage zentraler Führungsgrößen, antizipierte Ergebnis der Vorrat ist, besitzen diese Informationen darüber hinaus eine entscheidende Bedeutung für die Planung der Prozesse und für die Entscheidungsvorbereitung und -findung. Die in den Prozeßabläufen gewonnenen Daten und Informationen besitzen also einen Doppelcharakter. Sie dienen einmal zur geowissenschaftlichen Einschätzung der geologischen Situation und sind zum anderen entscheidend für den Prozeß der Planung und Leitung der Forschungs- und Erkundungsarbeiten. Anders als in der allgemeinen Produktion, in der die Verhaltensweise der Arbeitsgegenstände weitgehend determiniert und Materialbeschaffenheit, Verwertbarkeit usw. bekannt sind, verhält sich in der Erkundung der Arbeitsgegenstand Erde. Während der Prozeßabläufe ergeben sich im Stadium der „Bearbeitung" ständig neue Situationen, die unmittelbar und direkt methodisch und verfahrenstechnisch zu lösen sind. Der vorausschauenden Planung der Erkundungsarbeiten müssen daher weitgehend strategische Gesichtspunkte, die die möglichen Verhaltensweisen des Arbeitsgegenstands Erde einkalkulieren, zugrunde gelegt werden.

Im Gegensatz zur Produktion technischer Güter, in der das Ergebnis der Produktion durch ein vorgegebenes fertigungstechnisches und technologisches Programm vorausbestimmt werden kann bzw. durch Forschung und Entwicklung, Funktions- und Fertigungsmuster sowie Nullserie determiniert und am Modellfall erprobt ist, wird in der Erkundung durch die erst im Verlauf der Arbeitsprozesse gewonnenen und sich laufend erweiternden geowissenschaftlichen Erkenntnisse der Leitungsprozeß komplizierter und muß ein hohes Maß an Reagibilität aufweisen.

Es erhebt sich deshalb die Frage nach möglichen internen Systemabgrenzungen, um durch Bildung relativ

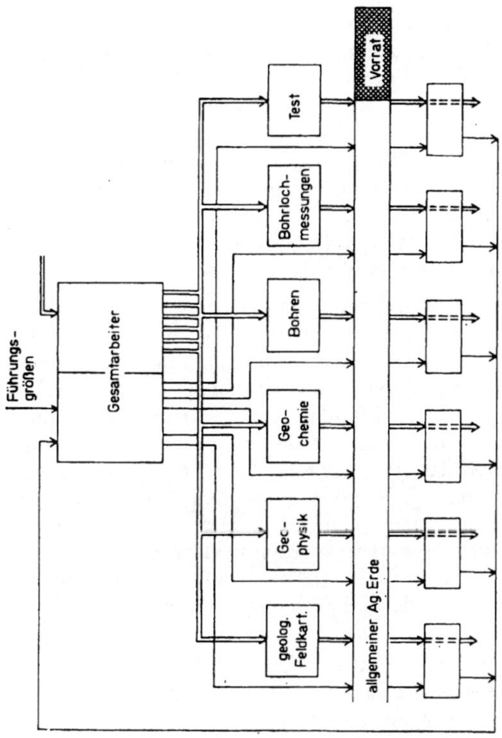

Abb. 3

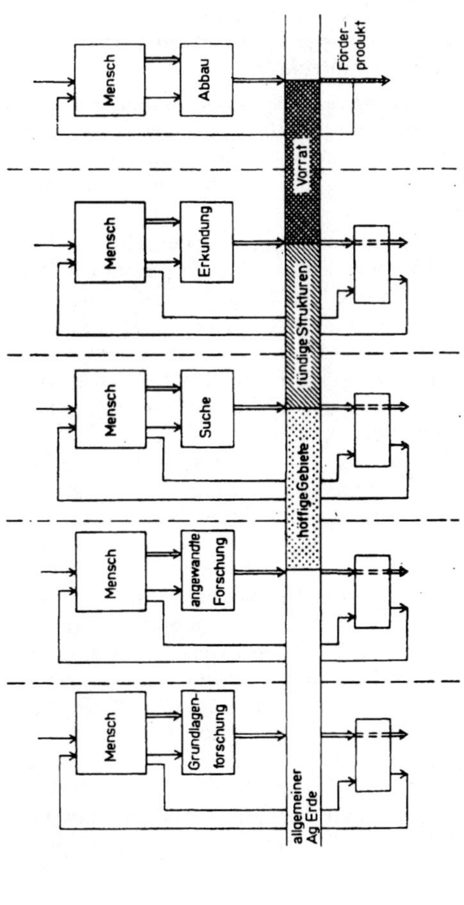

Abb. 2

selbständiger Subsysteme den Leitungsprozeß zu entflechten.

Gesichtspunkte der Systemgestaltung

Zunächst lassen sich vom Arbeitsgegenstand und vom Ziel des Erkundungsprozesses her objektive Gliederungsgesichtspunkte ableiten. Der Arbeitsgegenstand Erde tritt im Erkundungsprozeß nicht als Gesamtheit, sondern partiell in Form spezieller Erkundungsobjekte auf. Ebenso ist das Produkt der Erkundung nicht notwendig als eine Zusammenfassung aller möglichen und qualitativ verschiedenen Vorräte zu sehen, sondern kann entsprechend den gesellschaftlichen Bedürfnissen und dem Charakter der Erkundungsobjekte differenziert werden. Der Arbeitsgegenstand ist also hinsichtlich des Ziels seiner Verarbeitung, seiner Natur und seiner Lage teilbar. Die Abgrenzung des Gesamtsystems läßt sich demzufolge unter mineralbezogenen, wirtschaftsgeographischen und geologisch-regionalen Aspekten vollziehen. Nach welchem Prinzip im einzelnen zu verfahren ist, hängt in erster Linie von wirtschafts- und strukturpolitischen Erwägungen ab.

Neben den Kriterien für die Grundkonfiguration des Gesamtsystems sind selbstverständlich die Bedingungen und Merkmale für den Aufbau des inneren Gefüges der Teilsysteme und deren Detaillierung von außerordentlicher Bedeutung für die sozialistische Wirtschafts- und Betriebsführung. Besonderes Interesse verdient auch hier wieder die Frage nach den Möglichkeiten für eine weitere Untergliederung in relativ selbständige Wirtschafts- und Betriebseinheiten.

Eine Antwort läßt sich jetzt aus dem Charakter des Ablaufs der arbeitsteiligen Prozesse geben. In der bisherigen Systemdarstellung wurde grundsätzlich unterschieden zwischen einem Ablauf in Arbeitsphasen und einem Ablauf in technologischen Operationen.

In der materiellen Durchführung der Forschungs- und Erkundungsarbeiten stehen lediglich die von der lebendigen Arbeit in Bewegung gesetzten und gesteuerten Arbeits- und Beobachtungsinstrumente mit dem Arbeitsgegenstand Erde in Wechselbeziehung, wobei es für den Arbeitsgegenstand gleichgültig bleibt, ob er Objekt der geologischen Forschung, Suche oder Erkundung ist. Auch für die technologischen Prozesse ist es zweitrangig, inwieweit sie innerhalb der unterschiedlichen Arbeitsphasen zur Wirkung kommen. Sie laufen in allen Phasen auf der Grundlage projektierter Aufgabenstellungen routinemäßig ab. Es liegt daher nahe, zumindest für die Durchführung der Erkundungsarbeiten eine vertikale Systemgliederung nach technisch-technologischen Gesichtspunkten vorzunehmen. Damit wird gleichzeitig den Prinzipien der Spezialisierung entsprochen, indem spezielle wissenschaftliche und technische Kenntnisse, Erfahrungen und Fertigkeiten des Gesamtarbeiters im Sinne einer optimalen Beherrschung der Technologien, der materiell-technischen Sicherung und der Meisterung des wissenschaftlich-technischen Fortschritts integriert werden. Andererseits ist die Einteilung des Erkundungsprozesses in Arbeitsphasen ein wichtiges Erfordernis für die Planung und Abrechnung der Forschungs- und Erkundungsarbeiten sowie für die Auswertung und Einschätzung der Ergebnisse. Deshalb ist durch Integration der planenden und analysierenden Funktionen des Gesamtarbeiters der technologische Gesamtablauf im Hinblick auf die Erfüllung der vorgegebenen Ziele für den geologischen Vorlauf und die geologische Produktion leitungsseitig zu überdecken. Eine daraus abzuleitende horizontale Gliederung nach Arbeitsphasen ist jedoch nur insoweit zulässig, als sie gleichzeitig eine auf das Endprodukt Vorrat orientierende komplexe Planung und Leitung der geologischen Forschungs- und Erkundungsarbeiten gewährleistet.

Ziel der Systemprojektierung und -gestaltung muß also sein, eine hochgradige und die wesentlichen Prozesse umfassende Integration zu erreichen, die ein Optimum an geschlossenen Wirkungsabläufen in Richtung auf einen hohen wirtschaftlichen Gesamteffekt garantiert.

Vielfach wird die inhaltliche Seite der Systemintegration noch zu eingeengt und begrenzt angesehen.

Man spricht von integrierten Systemen der elektronischen Datenverarbeitung, von integrierten Planungs-, Leitungs- und Informationssystemen oder von integrierten Systemen der automatischen Informationsverarbeitung und bezieht sie entweder einseitig auf die Integration der Datenverarbeitungsprozesse oder auf die in Beziehung zur Planung und Leitung gesetzten Informationsprozesse.

Damit werden zugegebenermaßen wesentliche Seiten, aber eben nicht alle für die Systemintegration bedeutsamen Seiten erfaßt. Aus der vorangegangenen und nur in den charakteristischen Grundzügen behandelten systemanalytischen Betrachtung lassen sich diesbezüglich folgende zusammenfassende Schlußfolgerungen ziehen:

1. Die aus den technologischen Teilprozessen gewonnenen Primärinformationen sind zwar Resultat der ursprünglichen, sich in Art und Weise ihrer Technik und Methodik unterscheidenden materiellen Einwirkungen auf die Natur; für sich betrachtet führen sie jedoch nur zu Teilergebnissen über bestimmte Zustände und Verhaltensweisen des untersuchten Objekts.

Erst in ihrer Gesamtheit vermitteln sie die erforderliche Kenntnis über den Arbeitsgegenstand Erde hinsichtlich der geologischen Situation und gestatten Aussagen über den Stand der Vorratsproduktion.

Diese Gesamtheit repräsentiert sich als Ergebnis einer komplexen geowissenschaftlichen Interpretation, bezogen auf das einzelne Erkundungsobjekt, eine geologische Formation, ein wirtschaftsgeographisches Territorium oder ein bestimmtes Mineral.

Die Realisierung der komplexen Interpretation unter Einschluß aller für eine qualitativ hochwertige Aussage signifikanten Ergebnisse ist eine wesentliche Integrationsbedingung.

2. Die Durchführung der Erkundungsarbeiten ist mit einem erheblichen Aufwand an lebendiger und vergegenständlichter Arbeit verbunden, der sich im Wert des Produkts Vorrat niederschlägt.

Die Effektivität der geologischen Erkundung wird also nicht allein an der Menge des produzierten Vorrats gemessen, sondern spiegelt sich im Verhältnis der verausgabten Mittel zum volkswirtschaftlich vertretbaren Aufwand wider. Die analysierende und auswertende Funktion der komplexen Interpretation kann sich daher nicht nur auf Qualität und Quantität der sich im Vorrat darbietenden Gebrauchswerte beschränken, sondern muß gleichermaßen die wertbildenden Faktoren mit einbeziehen.

Die komplexe Interpretation ist immer und zugleich mit der ökonomischen Analyse zu verbinden und die ökonomische Arbeit als integrierender Bestandteil der geowissenschaftlichen Arbeit im Sinne der ökonomischen Geologie zu verstehen. Das ist eine weitere Bedingung für die Systemgestaltung.

3. Das auf Grund der volkswirtschaftlichen Aufgabenstellung vom Gesamtarbeiter antizipierte Ergebnis realisiert sich im Verlauf der Erkundungstätigkeit durch ein kombiniertes Zusammenwirken der technologischen Teilprozesse. Die Planung und Leitung der Prozesse kann daher in bezug auf den zu erzielenden Gesamteffekt nicht isoliert vorgenommen werden, sondern muß komplex im Sinne einer optimalen Kooperation erfolgen. Wesentliche Voraussetzung für die Planung ist die geowissenschaftliche Komplexinterpretation, aus deren Ergebnissen die für die komplexe Führung der Teilprozesse erforderlichen Maßnahmen abzuleiten sind.

Infolge der Unbestimmtheit im Verhalten des Arbeitsgegenstandes hat die Planung von strategischen Aspekten auszugehen, die sich aus der Synthese von geologischen Erkenntnissen, wahrscheinlichkeitstheoretischen Einschätzungen möglicher Naturzustände, erkundungsmethodischen Erfordernissen, technisch-technologischen Möglichkeiten und ökonomischer Bewertung ergeben.

Die komplexe strategische Planung und Leitung auf der Basis einer komplexen geowissenschaftlichen Interpretation, Analyse und Synthese, ist eine dritte Bedingung für die Systemintegration.

4. Planung, Leitung und Durchführung der geologischen Forschung und Erkundung, sowie die Auswertung und Analyse ihrer Ergebnisse, sind Funktionen des Gesamtarbeiters, die in arbeitsteiligen Prozessen wahrgenommen werden.

Das funktionelle Zusammenspiel innerhalb des Gesamtarbeiters ist durch sinnvolle Organisation der Kooperation und eine durchgängige Gestaltung der Informations- und Kommunikationsprozesse so zu entwickeln, daß eine auf die Gesamtzielstellung orientierte einheitliche Verhaltensweise der in den Betrieben und Arbeitsbereichen tätigen Kollektive und Kollektivmitglieder erreicht wird.

Besondere Bedeutung kommt dabei der Transformation der als Führungsgrößen vorgegebenen gesellschaftlichen Aufgaben innerhalb des Systems zu. Sie muß planungs- und leitungsseitig derart erfolgen, daß die volle Nutzung der schöpferischen Potenzen der den Gesamtarbeiter verkörpernden arbeitenden Menschen und ein kollektives Zusammenwirken garantiert wird.

Die Integration des Gesamtarbeiters zu einer sich durch bewußtes Wollen und Handeln auszeichnenden Gemeinschaft sozialistischer Eigentümer und Warenproduzenten ist die bedeutungsvollste Bedingung und oberster Grundsatz sozialistischer Führungstätigkeit, der in den Fundamenten unserer sozialistischen Demokratie und in den moralischen Prinzipien unserer sozialistischen Gesellschaft wurzelt.

Kybernetik, Operationsforschung und EDV in der geologischen Erkundung

Die Gestaltung des Systems der geologischen Erkundung unter Einhaltung dieser und weiterer Integrationsbedingungen, die insgesamt auf einen hoch effektiven und im Sinne des ökonomischen Systems des Sozialismus wirkenden Arbeits- und Ergebnisverlauf hinzielen, ist ein komplizierter Prozeß, der nur nach den Prinzipien der sozialistischen Wirtschaftsführung und auf der Basis der marxistisch-leninistischen Organisationswissenschaft unter Anwendung und Einführung moderner Führungsmethoden und -techniken vollzogen werden kann. Kybernetik, Operationsforschung und elektronische Datenverarbeitung gehören ohne Zweifel zu solchen modernen Instrumentarien sozialistischer Wirtschaftsführung.

In den bisherigen Darlegungen wurde versucht, Spezifik und inneren Wirkungsablauf der geologischen Forschungs- und Erkundungsarbeiten in den Grundzügen unter kybernetischem, insbesondere unter dem systemtheoretischen Aspekt der Kybernetik zu betrachten.

Es wäre jedoch falsch, anzunehmen, daß alle dabei auftretenden Fragen aus dem Erkenntnisstand der Kybernetik heraus beantwortet werden können. Problemstellungen, wie sie z. B. im Fall des Arbeitsproduktes der Erkundung aufgeworfen wurden, dienen der schöpferischen Weiterentwicklung der sozialistischen Wirtschaftspraxis und können nur auf der Grundlage der marxistisch-leninistischen Wirtschaftstheorie einer echten Lösung zugeführt werden.

Jedoch lassen sich die gefundenen Lösungen in die Sprache der Kybernetik übersetzen und mit Hilfe der kybernetischen Denkweise und des methodischen Apparates der Kybernetik wichtige Systemzusammenhänge untersuchen und aufdecken. Durch die der Kybernetik eigene und ihrem Untersuchungsgegenstand entsprechende Art der Abstraktion ist es möglich, Regelungsabläufe zu modellieren, wie sie sich insbesondere in den Planungs- und Leitungsprozessen abspielen und Regelwirkungen zu erzielen, die die Voraussetzung für ein optimales Systemverhalten bilden.

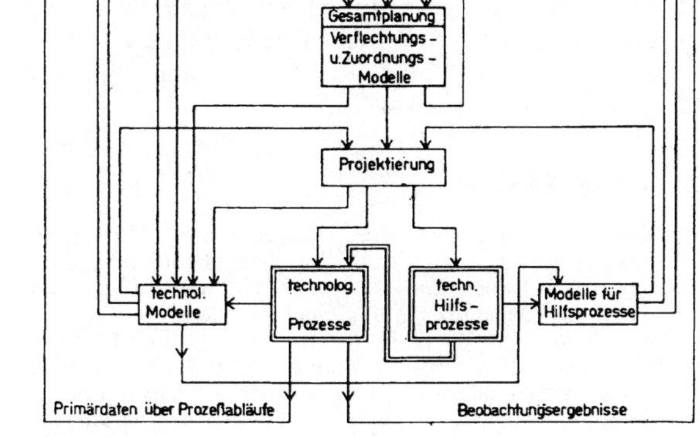

Abb. 4

Ein volles Funktionieren derart projektierter Systeme ist jedoch nur gewährleistet, wenn die Prozesse weitgehend formalisiert und mathematisch durchdrungen werden.

Dazu ist es notwendig, die ihnen zugrunde liegenden Algorithmen aufzufinden und ihre objektiven Abläufe, Zusammenhänge und Wechselbeziehungen in mathematischen Modellen darzustellen. Das gilt in der geologischen Erkundung für die technologischen Prozesse und die Auswertung und Deutung geologischer Fakten gleichermaßen wie für die Prozesse der Planung, Leitung und Abrechnung. Mit Hilfe mathematischer Methoden und unter Einschluß der Operationsforschung lassen sich so Aussagen gewinnen, die wissenschaftlich fundiert und frei von subjektiven Einflüssen sowohl in der strategischen Planung, der Projektierung, der Leitung und Lenkung als auch in der geowissenschaftlichen Interpretation und Analyse der Entscheidungsfindung dienen und Optimalitätsbedingungen entsprechen. Dabei kommt es darauf an, geschlossene Modellsysteme zu entwickeln und sie mit dem kybernetisch modellierten Gesamtsystem organisch zu verbinden.

Bezogen auf die geologische Forschung und Erkundung können die wesentlichen Seiten für Aufbau und Wirkungsweise eines derartigen Modellsystems wie in Abb. 4 dargestellt werden.

Eine zentrale Stellung nimmt die Planung der Erkundungsarbeiten ein, die unter Zuhilfenahme des mathematischen Apparates der Spieltheorie modellmäßig erfaßt und beschrieben werden kann. Die aus dem jeweiligen geologischen Erkenntnisstand hervorgehende Beurteilung der Naturkomponenten und Einschätzung des möglichen Naturverhaltens gestatten, in Verbindung mit den erforderlichen Aufwendungen für die auszulösenden Erkundungsaktionen und den zu erwartenden Erlösen, Rückschlüsse über das planvolle Vorgehen, die im Zuge der Modellrechnung als optimale Strategien ausgewiesen werden.

Während das Gewinnen von Erkenntnissen über die geologische Situation weitgehend durch die Anwendung mathematischer, insbesondere mathematisch-statistischer Verfahren in der geologischen Auswertung und Interpretation zu unterstützen und zu objektivieren ist, sind die im Modell auftretenden Aufwandsparameter ihrerseits aus Modellen abzuleiten, die die technologischen Teilprozesse abbilden.

Für die Aufstellung solcher Modelle ist es notwendig, die objektiven technologischen Abläufe hinsichtlich der Algorithmen zu untersuchen, nach denen sie sich vollziehen, und unter Einbeziehung der Operationsforschung mögliche Lösungsverfahren zur Optimierung in Ansatz zu bringen.

Die sich aus der mathematischen Modellierung der technologischen Teilprozesse ergebenden Modellösungen gehen nicht nur in die strategische Planung ein, sondern bilden auch die Grundlage für die technisch-ökonomische Projektierung.

Die Gesamtplanung selbst kann insbesondere in ihrer bilanzierenden Funktion durch Zuordnungs- und Verflechtungsmodelle dargestellt werden, die die Errechnung von Planvarianten gestatten.

Zu ergänzen ist das System durch Modelle der Instandhaltung, der Lagerhaltung, des Transportes und anderer Hilfsprozesse, wobei auch hier der Optimierungsaspekt eine besondere Rolle spielt.

Für die wertmäßige Bestimmung der in den Modellen enthaltenen, insbesondere das Aufwand—Leistungs-Verhalten, charakterisierenden Größen, sind die entsprechenden Kennziffern und Normative zu ermitteln. Das Abrechnungswesen ist auf der Grundlage des Systems von Rechnungsführung und Statistik so zu projektieren und zu organisieren, daß alle zur Kontrolle dieser Kennwerte notwendigen Primärdaten erfaßt und aufbereitet werden. Ein spezielles Analysemodell muß darauf ausgerichtet sein, die Entwicklung der technisch-ökonomischen Leistungsfähigkeit zu überwachen und zu untersuchen, notwendige Korrekturen und Verbesserungen der Kennziffern und Normative zu erkennen und die Ursachenforschung zu unterstützen. Analytische Aussagen, die den Gesamteffekt des Reproduktionsprozesses betreffen, sind in die komplexe geowissenschaftliche Interpretation und Analyse einzubeziehen.

Die Elemente des Modellsystems sind so miteinander zu verbinden und durch Rückkopplung in Beziehung zu setzen, daß die Einzelmodelle nicht nur in den ihnen zugeordneten Phasen der Planung und Abrechnung Aussagen ermöglichen, sondern je nach Art der Problemstellung mehr oder weniger im Komplex zur Wirkung kommen. So ergibt sich z. B. bereits in der Phase der strategischen Planung die Notwendigkeit, für die in Ansatz gebrachten Leistungsarten auf der Grundlage ausgewählter Projektierungsparameter die zeitlichen, materiellen und finanziellen Aufwendungen zu errechnen und die Auswirkungen festzustellen, die sich durch die Auswahl der optimalen Strategien im Rahmen der Gesamtplanung ergeben. Andererseits können in der Phase der Gesamtplanung Rückwirkungen auftreten, die zu Modifikationen in der strategischen Planung zwingen. In solchen und ähnlichen Fällen ist es wichtig, daß die Modellösungen nicht isoliert nebeneinander stehen, sondern durch Rechnung in geschlossenen Kreisläufen gewonnen werden.

Besonders bedeutungsvoll ist das komplexe Zusammenspiel innerhalb des Modellsystems für die Untersuchung und Einschätzung von Schrittmacherleistungen, Neuerervorschlägen, Investitionsvorhaben, Forschungs- und Entwicklungsergebnissen usw., die insgesamt zu progressiven Änderungen der Kennziffern und Normative sowie der technologischen Algorithmen führen. Die daraus folgenden Konsequenzen lassen sich mit Hilfe eines systemgerecht wirkenden Modellmechanismus bis in die Gesamtplanung hinein nachweisen und nach Art der Simulation folgerichtig ableiten.

Das volle Funktionieren eines derartigen Modellsystems hängt entscheidend davon ab, inwieweit es gelingt, die darin ablaufenden Rechenprozesse in ihrem Zusammenhang zu automatisieren und vom Umfang her zeitoptimal durchzuführen.

Eine solche Forderung ist nur durch den Einsatz der modernen Datenverarbeitungstechnik zu erfüllen.

Diese Technik, deren markantestes Ergebnis der elektronische Rechenautomat ist, befreit nicht nur schlechthin den Menschen von geistiger Routinearbeit. Sie gestattet ihm vielmehr, bedingt durch die hohen Rechengeschwindigkeiten, einen schnellen Zugriff zu den Ergebnissen der Informationsverarbeitung und erhöht somit seine Reaktionsfähigkeit. Zum anderen rückt sie neue Problemstellungen in den Bereich praktikabler Lösungen und erschließt so die Nutzung neuartiger Verfahren der Informationsverarbeitung und -auswertung.

Diese Faktoren, in allen Bereichen geistiger Tätigkeit zur Wirkung gebracht, vervielfachen die psychischen Kräfte des Menschen und versetzen ihn in die Lage, seine schöpferischen Potenzen maximal zu aktivieren.

Das gilt auch und in besonderem Maße für die Planung und Leitung wirtschaftlicher Prozesse. Hier bietet sich die moderne Rechentechnik nicht nur als Hilfsmittel für die Bewältigung der umfangreichen Datenverarbeitungsaufgaben an, sondern ermöglicht bei richtiger Einordnung in die systeminternen Informationsbeziehungen ein hochreagibles Verhalten durch schnelle Entscheidungsfindungen. Sie ist aber vor allem Voraussetzung für die umfassende Anwendung und Einführung mathematischer Methoden und Verfahren, durch deren Nutzung Entscheidungen wissenschaftlich fundiert und in Richtung auf effektive und optimale Wirtschaftsabläufe vorbereitet werden können.

So wie Kybernetik und Operationsforschung über die mathematisch-ökonomische Modellierung miteinander verbunden sind, bedingen einerseits Operationsforschung und elektronische Datenverarbeitung einander, wie andererseits die Systemgestaltung durch die Möglichkeiten der EDV beeinflußt wird.

Kybernetik, Operationsforschung und elektronische Datenverarbeitung stehen somit in befruchtender Wechselwirkung und werden nur in ihrer Gesamtheit zu wirksamen Instrumenten sozialistischer Wirtschaftsführung.

Im gesamten Wirtschaftsbereich Geologie wurden bisher große Anstrengungen auf dem Gebiet der Systemanalyse und -gestaltung, der Anwendung mathematischer Methoden und der Operationsforschung sowie der EDV-Einsatzvorbereitung unternommen, die sich insbesondere in den Verpflichtungen zu Ehren des 20. Jahrestages unserer Republik ausdrücken und zu guten Ergebnissen geführt haben.

In Zukunft muß jedoch noch mehr als bisher die dialektische Einheit von Kybernetik, Operationsforschung und elektronischer Datenverarbeitung in den Vordergrund gerückt werden, müssen diese Kategorien der marxistisch-leninistischen Organisationswissenschaft schöpferisch interpretiert, entwickelt und im Komplex angewandt werden. Nur so wird es gelingen, die Erfolge in der sozialistischen Wirtschaftsführung im Bereich Geologie auszubauen und die Qualität der Führungstätigkeit weiter zu verbessern.

Zusammenfassung

Es werden Probleme der sozialistischen Wirtschaftsführung in der geologischen Erkundung behandelt, deren Lösung Gegenstand umfangreicher Untersuchungen und Arbeiten im Wirtschaftsbereich Geologie ist.

Dabei wird der Versuch unternommen, Charakter und Spezifik des Erkundungsprozesses unter kybernetischem Systemaspekt zu analysieren und Kriterien sowie Integrationsbedingungen für die Systemgestaltung abzuleiten.

Davon ausgehend erfolgt die Darstellung der prinzipiellen Wirkungsweise eines Modellsystems für die Planung und

Zeitschrift für angewandte Geologie, Bd. 15 (1969), Heft 9

Leitung der Erkundungsarbeiten unter Hinweis auf die Bedeutung der komplexen Anwendung von Kybernetik, Operationsforschung und elektronischer Datenverarbeitung.

Резюме

Рассматриваются проблемы применения социалистической экономики в геологической разведке, решение которых является предметом обширных исследований и работ в хозяйственной отрасли геологии.

При этом предпринимается попытка анализировать характер и специфику процесса разведки под аспектом кибернетической системы и установить критерии и условия интеграции для системообразования.

Исходя из этого, дается изложение основного образа действия модельной системы для планирования и руководства разведочных работ, с указанием на значение комплексного применения кибернетики, операционного исследования и электронной обработки данных.

Summary

A discussion is presented of problems of socialist economic organization in geological exploration, whose solution is the subject-matter of comprehensive investigations and activities in the economic field of geology.

In this respect an attempt is made to analyse the character and specific form of the process of exploration from a cybernetic aspect of system, and to derive criteria as well as conditions of integration for a design of the system.

On this basis the fundamental mode of operation of a model system for planning and controlling exploratory works is described, with reference to the importance to be attached to a complex use of cybernetics, operational research and electronic data processing.

Zwei Grundtypen geologischer Suchstrategien

Friedrich Stammberger, Berlin

1. Vorbemerkung

Die geologische Suche und Erkundung, Kernstück der ökonomischen Geologie, hat als geowissenschaftliche Disziplin und praktische Tätigkeit in den 20 Jahren der Existenz unserer Deutschen Demokratischen Republik eine Entwicklung genommen, auf die wir berechtigt stolz sein können. Sie hat nach einer etwa bis 1954/1955 reichenden Wiederherstellungsperiode ihres früheren Potentials in relativ kurzer Zeit auch jene traditionsgebundenen konservativen und die Weiterentwicklung hemmenden Anschauungen überwunden, die die wissenschaftliche Spezifik der Suche und Erkundung negierten und deren Arbeitsergebnis — entdeckte und erkundete Lagerstättenvorräte — als etwas bei der allgemeinen geologischen Feldarbeit „zwangsläufig Anfallendes" betrachteten.

In relativ kurzer Zeit — etwa 1955/1960 — gelang es, durch kritische Analyse (aus der Sicht der für die DDR zu beachtenden Besonderheiten) der in der Welt entwickelten progressivsten Gedanken und Methoden (ganz besonders der auf diesem Gebiet führenden sowjetischen Wissenschaft und Praxis) sowie durch konsequente Weiterentwicklung der theoretischen Grundlagen der Suche und Erkundung und die hartnäckige Einführung dieser Ergebnisse in die Praxis den Anschluß an die Weltspitze herzustellen und die Suche und Erkundung von Lagerstätten mineralischer Rohstoffe in der DDR aus einer im wesentlichen handwerklichen in eine wissenschaftlich fundierte Tätigkeit zu verwandeln.

Diese Entwicklung hat sich in der Vergangenheit auf breiter Front vollzogen (erkundungsmethodisch, geologisch-ökonomisch und erkundungswissenschaftlich) und ist keineswegs gegenwärtig etwa schon zum Abschluß gekommen. Im Gegenteil! Die Erfolge und Errungenschaften auf anderen Gebieten der Wissenschaft und Technik führen auch gegenwärtig zu immer neuen Versuchen der Vervollkommnung und Ergänzung der Grundlagen für die Suche und Erkundung von Lagerstätten. Es ist nur zu verständlich, daß neue Betrachtungsweisen natürlicher und gesellschaftlicher Zusammenhänge und neue Methoden ihrer Untersuchung auch auf die geowissenschaftlichen Probleme angewandt werden. Obwohl das bisher nur mit wechselndem Erfolg geschah, sind diese Versuche begrüßenswert und unbedingt zu unterstützen, weil sie in einer sehr zukunftsträchtigen Entwicklungsrichtung liegen.

Parallel mit diesen progressiven Versuchen (der Mathematisierung der Geologie, der Anwendung kybernetischer, wahrscheinlichkeitstheoretischer u. a. Verfahren) ist in letzter Zeit vereinzelt eine m. E. negative Erscheinung zu beobachten: Ohne wirkliches tiefes Eindringen in die Spezifik der Suche und Erkundung wird versucht, durch meist oberflächliche Aufpfropfung gesellschaftlich aktueller Begriffe den Anschein von Modernität zu erwecken. Ich unterscheide solche Versuche von den obenerwähnten progressiven und generell zu fördernden Untersuchungen und Arbeiten. Bei ihnen besteht nach m. M. die Gefahr, daß der möglicherweise vorhandene rationelle Kern solcher Versuche durch negative Momente bei weitem überwogen wird. Zu solchen negativen Erscheinungen rechne ich z. B. die Tatsache, daß nicht selten wichtige, bereits erarbeitete und gesicherte Erkenntnisse verschüttet und die geowissenschaftliche Grundlage der Suche und Erkundung in unzulässiger Weise unterdrückt und vernachlässigt wird.

In letzter Zeit werden in unserer Fachliteratur z. B. immer häufiger die Begriffe Such- und Erkundungsstrategie verwendet. Keiner der jeweiligen Autoren (z. B. H. Bachmann 1968) bemüht sich jedoch zu erläutern, was er unter diesen Begriffen versteht bzw. verstanden haben möchte. Es erhebt sich die Frage, ob dieser neue Begriff tatsächlich etwas Neues — und dann was — ausdrückt oder ob es ein „neuer Schlauch für alten Wein" ist.

Eingang des Manuskripts in der Redaktion: 8. 5. 1969.

2. Was ist unter einer Erkundungsstrategie zu verstehen?

Strategie ist ein der Militärwissenschaft entlehnter Begriff; sie wird dort als Lehre von der Vorbereitung, Planung und Lenkung großer militärischer Operationen verstanden und untersucht als Wissenschaft die Gesetzmäßigkeiten des bewaffneten Kampfes im Maßstab ganzer Kriege und Feldzüge sowie die Prinzipien und Regeln für den Einsatz und die Führung der gesamten Streitkräfte und ihrer Teile. Sie legt die Kräfte und Mittel fest, die zur Erringung des Sieges unter den gegebenen konkreten Verhältnissen erforderlich sind, arbeitet die Pläne für den Einsatz der Streitkräfte und deren Ziele aus.

Im auf den revolutionären Kampf des Proletariats übertragenen Sinne bezeichnet Strategie und Taktik die politische Linie der marxistisch-leninistischen Partei für eine gegebene historische Etappe des Klassenkampfes. Während die Taktik die politische Linie und die Kampfformen für eine relativ kurze, von den jeweils konkreten Bedingungen abhängige Zeitspanne bestimmt, ist die Strategie auf die Lösung der Hauptaufgabe der gegebenen historischen Etappe gerichtet und hat damit in der Regel für eine größere Zeitspanne Gültigkeit; sie bestimmt die Hauptstoßrichtung des Kampfes und organisiert (konzentriert) die Hauptkräfte in entscheidenden Augenblicken auf die verwundbarste Stelle des Gegners.[1])

Werden diese Grundgedanken auf die geologische Suche und Erkundung übertragen, so müßten Such- bzw. Erkundungsstrategie wie folgt charakterisiert werden:

a) Sie haben große geologische Operationen zum Gegenstand, d. h., sie sind z. B. in der Regel nicht auf die Erkundung einer einzelnen Lagerstätte, sondern großer geologischer Einheiten gerichtet (Ausnahmen: Lagerstättengiganten).

b) Sie legen die Hauptaufgabe und Hauptrichtung der Tätigkeit, also das grundsätzliche Herangehen an die Lösung einer Aufgabe, fest, keine Details.

c) Sie fixieren die Größenordnung der Kräfte und Mittel, die zur Erreichung des gestellten Zieles notwendig sind.

Wenn gelegentlich gesagt wird, daß die geowissenschaftliche Fundierung von Such- und Erkundungsprogrammen diesen „immer mehr die Züge geologisch begründeter Strategien" verleihe (H. BACHMANN 1968), so geht ein solcher Standpunkt

a) einerseits davon aus, daß Such- und Erkundungsprogramme im Normalfalle nicht geowissenschaftlich fundiert sein müssen — was offensichtlich nicht zutrifft —, und

b) verzichtet andererseits auf eine Unterscheidung von Programm und Strategie — was die Klärung der Grundfrage nicht begünstigt.

Wenn H. BACHMANN (1968) unter Such- und Erkundungsstrategie „das Herangehen an die Problematik der Suche und Erkundung mit dem Denkstil und den Methoden der Operationsforschung" versteht, so ist das — wie wir später sehen werden — nicht zutreffend, weil ein solches Herangehen nicht das Wesen einer Such- oder Erkundungsstrategie charakterisiert, sondern lediglich einen besonderen Typ der Erkundungsstrategie.

Abschließend erscheint es sinnvoll, den Begriff Erkundungsstrategie gegenüber den Begriffen Erkundungsprogramm und Erkundungskonzeption abzugrenzen. Ein Programm formuliert die Grundsätze und Ziele, z. T. auch ihre Reihenfolge auf irgendeinem Arbeitsgebiet, eine Konzeption ist der gedankliche Entwurf für irgend etwas.

Will man diese drei Begriffe in der ökonomischen Geologie verwenden, so wären ein Programm als die grundsätzliche Formulierung und Terminisierung der Ziele, eine Strategie dagegen als Grundlinie ihrer Realisierung zu verstehen. Konzeptionen — als gedankliche Entwürfe — wären für beides und jede beliebige andere Aufgabe möglich. Man kann sicher den Nutzen und die Zweckmäßigkeit unterschiedlich beurteilen, die sich durch Übertragung einer Vielzahl von aktuellen und „modischen" Bezeichnungen auf ein bestimmtes Gebiet von Wissenschaft und Technik ergeben. Keine Meinungsverschiedenheiten sollte es jedoch darüber geben, daß — werden solche Bezeichnungen bzw. Begriffe verwendet — sie auf wissenschaftlichem Gebiete als Ergebnis eines Abstraktionsprozesses nur mit eindeutigem Begriffsinhalt verwendet werden dürfen, wenn in der Sache eine Fortschritt erzielt werden soll.

3. Divergierende Standpunkte zur Suche und Erkundung

In der sowjetischen und DDR-Fachliteratur wurde 1962—1966 sehr eingehend die Frage diskutiert, ob die geologische Erkundung eine selbständige Wissenschaft ist oder nicht (s. z. B. W. M. KREJTER 1962; F. STAMMBERGER 1965, 1966). Als Ergebnis dieser Diskussion konnten als gesicherte Erkenntnisse festgehalten werden:

a) Die geologische Suche und Erkundung ist das Herzstück der ökonomischen Geologie, als deren Hauptaufgabe bereits 1936 von E. R. LILLEY formuliert wurde, Mineralrohstoffe zu entdecken und zu erkunden.[2])

b) Sie ist eine selbständige Wissenschaft, deren Gegenstand — die Suche und Erkundung als Prozeß — von keiner anderen Wissenschaft bearbeitet wird. Sie stützt sich auf die Ergebnisse aller übrigen Geowissenschaften und nutzt auch die Ergebnisse anderer, nichtgeologischer Wissenschaften. „Diese Beziehungen zu den geologischen Grundlagen und ihre Arbeit selbst machen die Erkundung zu einer geologischen Disziplin" (F. STAMMBERGER 1965).

c) In der geologischen Suche und Erkundung sind geologische und ökonomische Erkenntnisse und Methoden aufs engste miteinander verwachsen (s. F. STAMMBERGER 1966, S. 9 ff.), sie sind zu einer untrennbaren Einheit verbunden.

d) Die bei der geologischen Suche und Erkundung eingesetzten technischen Mittel (Bohr- und bergmännische

[1]) In der Theorie der strategischen Spiele ist eine Strategie „ein von vornherein festgelegter Spielplan, nach dem der Spieler seine Auswahlmöglichkeiten bestimmt. Eine Strategie ist also eine Anzahl von Entscheidungsregeln" (CHURCHMAN & ACKOFF, ARNOFF 1966).

[2]) „Aufgabe der ökonomischen Geologie ist, natürliche mineralische Rohstoffe in der Erde nachzuweisen, die nach ihren Eigenschaften und den bei ihrer Nutzung entstehenden Kosten einen vorhandenen Bedarf der Wirtschaft ganz oder teilweise decken können" (F. STAMMBERGER 1966).

Technik, geophysikalische Technik u. a.) dienen der Suche und Erkundung, sie sind deren Hilfsmittel und lösen — für sich betrachtet — in der Regel keine von der geologischen Suche und Erkundung unabhängigen Aufgaben.

Es kann somit zusammengefaßt werden:

Die geologische Suche und Erkundung ist nicht nur eine praktische Tätigkeit, sondern auch eine selbständige Wissenschaft, die sich durch ihren stark ausgeprägten geologisch-ökonomischen Charakter auszeichnet. Unverträglich mit diesem Standpunkt ist offensichtlich die Behauptung, daß

„die Suche und Erkundung solcher verdeckten Lagerstätten ... gegenwärtig und künftig eine der vordringlichsten Aufgaben sowohl der Geowissenschaften als auch der Technik und der Ökonomie" ist (H. BACHMANN 1968).

Ein solcher Standpunkt führt nicht nur in der geologischen Erkundung zu Positionen zurück, die seit mehr als 15 Jahren in der DDR wissenschaftlich und praktisch überwunden sind, er geht auch von der unrichtigen Anschauung aus, daß die Technik und Ökonomie (wie auch die meisten geowissenschaftlichen Disziplinen) die Aufgabe und die Fähigkeit hätten, verdeckte Lagerstätten zu entdecken und zu erkunden. Unrichtig ist diese Auffassung deshalb, weil

a) die arbeitsteiligen Aufgaben der Technik und Ökonomie völlig falsch gesehen werden und

b) unbestritten feststeht, daß sowohl in der DDR als auch in anderen Ländern noch keine einzige verdeckte Lagerstätte z. B. durch einen Ökonomen entdeckt oder erkundet wurde.

Wodurch werden gegenwärtig vereinzelt noch immer derartige irrige Auffassungen am Leben erhalten? Anscheinend durch den Umstand, daß

a) in den letzten Jahren bei uns das ökonomische Moment aus erzieherischen Gründen bewußt stark betont wurde, um vorhandene Lücken in der praktischen Arbeit möglichst rasch zu schließen,

b) sich die Erkundungsgeologen z. T. die zusätzlichen ökonomischen Kenntnisse und Fähigkeiten zu ihren geowissenschaftlichen nur langsam aneigneten und aus Bequemlichkeit oder geistiger Trägheit die ökonomische Durchdringung geologischer Fakten an ökonomisch gebildete Nichtgeologen delegierten.

Auf diese Weise erhielten geologisch-ökonomische Probleme den äußeren Anschein von rein ökonomischen, wurde die Grundwahrheit übersehen, daß die Suche und Erkundung zunächst und vor allem eine geologische Disziplin ist.

Der obenzitierte, die im letzten Jahrzehnt bei uns und im sozialistischen Lager abgelaufene Wissenschaftsentwicklung der geologischen Suche und Erkundung negierende Standpunkt ist Ausdruck eines nicht geowissenschaftlichen Herangehens an die Lösung geologisch-ökonomischer Probleme (also kein Formulierungsfehler). Das kommt eindeutig durch die Behauptung zum Ausdruck, daß es bei operationsanalytischer Behandlung (System- und Modelldenken) für den Problemtyp der Suche „ziemlich unerheblich" sei, ob es sich um untergetauchte U-Boote oder Lagerstätten oder Fehler in der Buchhaltung oder auch Materialfehler bei der Qualitätskontrolle handle.

Bekanntlich ist bei der Konstruktion eines Modells als Darstellung eines Untersuchungsobjekts (Systems, Vorganges usw.) zunächst zwischen wesentlichen und unwesentlichen Komponenten des Systems zu unterscheiden. Ist diese Unterscheidung, d. h. die Vernachlässigbarkeit einer Komponente, unklar, muß diese unbedingt durch eine Überprüfung geklärt werden, wenn keine Fehler zugelassen werden sollen. Der Gedanke sei an einem Beispiel erläutert.

Ist es für den durchzuführenden Suchprozeß wesentlich, ob ich Pilze suche (die im Wald nur an bestimmten Stellen wachsen) oder ein verlorenes Messer (das ich bei einem Spaziergang im Wald verloren habe), oder ist das — weil „stoffspezifisch" — unwesentlich? Selbstverständlich könnte ich in beiden Fällen jeden Quadratmeter des Waldes systematisch und planmäßig absuchen und dabei sowohl die gesuchten Pilze als auch das verlorene Messer finden. Doch führt die Suche, die in einem Falle die ökologischen Kenntnisse über die gesuchten Pilze und im anderen den beim Spaziergang zurückgelegten Weg beachtet, nicht schneller und ökonomischer zum Ziel? Offenbar geht es nicht um die „Stoffspezifik", sondern darum, daß das Quadratmeter-Absuchen nur dann empfohlen werden kann, wenn ökologische Kenntnisse fehlen und der Spazierweg unbekannt ist, bei dem das Messer verloren wurde. Trifft das nicht zu, muß die jeweilige Besonderheit (z. B. die Faktoren, die den Standort des gesuchten Objekts kontrollieren) in das Modell eingehen, darf die Abstraktion nicht zu weit getrieben werden.

Wir gehen nicht fehl, wenn wir die Ursachen für die zu weit geführte Abstraktion des geologischen Suchprozesses in der Unterschätzung der geowissenschaftlichen Grundlagen der Lagerstättensuche sehen.

Aus dieser erkundungswissenschaftlich zu kritisierenden Position wurde im westlichen Ausland „eine theoretisch verallgemeinerungsfähige Konzeption für die Ausarbeitung von Strategien der Suche und Erkundung" entwickelt, die vereinzelt auch bei uns als progressiv und anwendungswürdig empfohlen wird (H. BACHMANN 1968).

4. Zwei Grundtypen geologischer Suchstrategien

Wenn der vom Verfasser obengegebenen Charakteristik einer Strategie der Suche und Erkundung zugestimmt und als Ziel der Suche die Entdeckung von Lagerstätten anerkannt wird, besteht das Wesen einer Suchstrategie darin,

a) das grundsätzliche Herangehen an die Lösung der gestellten Aufgabe festzulegen und

b) die Kräfte, Mittel und Fristen zur Erreichung des Ziels größenordnungsmäßig festzulegen.

International lassen sich zwei Grundtypen der geologischen Suchstrategien unterscheiden, von denen der eine in den sozialistischen Ländern (insbesondere der UdSSR und DDR) theoretisch ausgearbeitet und in die Praxis eingeführt wurde. Der zweite Grundtyp wurde vor allem von USA-Wissenschaftlern entwickelt und theoretisch begründet, hat jedoch in der Praxis — auch in den USA — bisher keine nennenswerte praktische Anwendung gefunden.

4.1. Die geologisch begründete Suchstrategie

Die geologisch begründete Suchstrategie, d. h. die in der UdSSR und bei uns entwickelte und angewandte, geht davon aus, daß die Suche kein Glücksspiel[3]) ist, sondern ein Arbeitsprozeß wie viele andere, bei dem mit wissenschaftlichen Mitteln (durch Nutzung wissenschaftlicher Erkenntnisse) ein Auftrag der Volkswirtschaft zu erfüllen ist. Jede Suche hat die Aufgabe, Lagerstätten eines benötigten Rohstoffs in möglichst vorteilhafter Ausbildung bei geringstem Aufwand in kürzester Frist zu entdecken. Gegen diese Feststellung gibt es kaum noch Einwände. Dagegen wird immer wieder behauptet, daß sich diese Aufgabe einer allgemeineren unterordne — nämlich überhaupt eine Lagerstätte zu finden, d. h., die Erfolgswahrscheinlichkeit bzw. das Risiko wird zum Angelpunkt der Suche gemacht.

Ein Fehlschlag bei der Lagerstättensuche tritt offensichtlich nur dann ein, wenn eine Lagerstätte dort gesucht wird, wo keine ist. Um Fehlschläge zu vermeiden, müssen folglich für die Lagerstättensuche solche Flächen ausgewählt (bestimmt, ermittelt) werden, auf denen Lagerstätten auch tatsächlich verbreitet sind. Diese Auswahl richtig zu treffen, ist nur bei Nutzung aller verwertbaren geowissenschaftlichen Erkenntnisse möglich, weil Lagerstätten nicht zufällig entstehen und erhalten bleiben, sondern als gesetzmäßige Folge abgelaufener geologischer Prozesse. Die Metallogenie bzw. Minerogenie ist eine geologische Disziplin, die sich mit der Erforschung gerade dieser Gesetzmäßigkeiten befaßt. Und die wissenschaftliche Lagerstättenprognose ist letztlich nichts anderes als eine Aussage darüber, ob überhaupt und (wenn ja) wo und in welcher Größenordnung Vorräte (und Lagerstätten) des benötigten Rohstoffs vorhanden sind.

Die Sicherheit dieser prognostischen Aussage — und damit das Risiko der Suche — hängt vom allgemeinen geowissenschaftlichen Kenntnisstand über das eingeschätzte Gebiet und der Kenntnis über die Gesetzmäßigkeiten der Entstehung und Erhaltung von Lagerstätten des betreffenden Rohstoffs ab.

Diese Lagerstättenprognose gestattet es, die Erfolgswahrscheinlichkeit der Suche ganz wesentlich zu erhöhen, Fehlschläge durch das Erkennen nichthöffiger (oder geringhöffiger) Räume ganz bedeutend zu reduzieren und die Hauptrichtung für die Sucharbeiten auszuwählen.

Da die Lagerstättenprognose die überhaupt zu erwartenden Lagerstättenvorräte und ihre flächenmäßige Verbreitung ausweist, können auch die Ziele der Suche geplant und die Größenordnung der Kräfte, Mittel und Fristen fixiert werden, d. h. eine Suchstrategie ausgearbeitet werden. Ihre wissenschaftliche Grundlage sind die in der Lagerstättenprognose genutzten geowissenschaftlichen Erkenntnisse. Nur weil diese gegenwärtig noch nicht ausreichen, um unmittelbar die Lagerstätten zu erkennen, d. h. eine Suche im üblichen Sinne überflüssig zu machen, verbleibt ein nicht zu verkennendes Risiko. Es bezieht sich jedoch — allgemein gesehen — nicht auf die Existenz oder Nichtexistenz von Lagerstätten in einem bestimmten Gebiet, sondern auf ihre Existenz an einer bestimmten Stelle in diesem Gebiet, d. h. auf die Höhe des erforderlichen Aufwands, mit dem die prognostizierten Lagerstätten in diesem Gebiet entdeckt werden können.

Unsere Suchstrategie besteht somit darin,

a) mit Hilfe wissenschaftlicher Bearbeitung und Auswertung vorhandener geowissenschaftlicher Fakten und Kenntnisse die für die Lagerstättensuche höffigsten Räume auszuwählen und

b) mit einem zunehmend geringeren Aufwand (infolge wachsender geowissenschaftlicher Kenntnisse) in diesen Räumen die prognostizierten Lagerstätten nachzuweisen.

4.2. Die wahrscheinlichkeitstheoretisch begründete Suchstrategie

In den Vorschlägen westeuropäischer und USA-Wissenschaftler wird diese Zweistufen-Ordnung mit ihrer betonten Ausnutzung der geowissenschaftlichen Erkenntnisse durch Verfahren ersetzt, die sich — im Grunde ohne Beachtung der geologischen Verhältnisse — auf Verfahren der Spiel- und Wahrscheinlichkeitstheorie stützen und lediglich zeigen, daß ein gesichertes Ergebnis in der Regel nur bei einem relativ großen Arbeitsumfang erreichbar ist.

H. BACHMANN (1968) hat in dieser Zeitschrift die Grundgedanken dieses Typs einer Suchstrategie dargelegt. Vorherrschend bei diesen Überlegungen (bei denen die eigentliche Suche formal von der Ökonomik der Suche unterschieden werden kann) ist der Gedanke, daß

a) die Verteilung der Lagerstätten in der Natur im wesentlichen zufällig ist, ihre Verbreitung auf einer bestimmten Fläche (z. B. 1000 km^2) angenähert einer POISSON-Verteilung entspricht und die Erfolgswahrscheinlichkeit der Suche durch die Formel von J. BERNOUILLI für die Ruinwahrscheinlichkeit eines Spielers ausgedrückt werden kann;

b) die Entdeckung einer sehr wertvollen (großen, reichen) Lagerstätte noch dadurch bestimmt wird, daß sie relativ selten in der Natur vorkommt.

Aus diesen und ähnlichen Überlegungen postuliert H. BACHMANN das Axiom „des Vorteils der Suche im großen Maßstab" (1968). Er hebt dabei die Wichtigkeit des „langen Atems" und des Muts zum Risiko hervor und folgt weitgehend den Gedankengängen L. SLICHTERS u. a. Wenden wir uns daher dessen Darlegungen unmittelbar zu.

SLICHTER (1960, S. 573) untersucht zunächst die Wahrscheinlichkeit einer Lagerstättenentdeckung bei Niederbringung von Bohrungen. Wenn von regellos verteilten Erzkörpern ausgegangen wird, kann der Bohrabstand in Beziehung zu einer bestimmten (noch wirtschaftlichen) Größe der Körper und ihrer Lage gebracht werden. Wird eine Fläche durch ein regelmäßiges Netz mit solchen Bohrabständen abgebohrt, ist eine hohe Vollständigkeit der tatsächlich abgesuchten Fläche zu erreichen.[4]) Hierbei entsteht der Widerspruch, daß ein hoher Vollständigkeitsgrad (enges Bohrnetz) der Suche zu hohen Kosten führt. Als üblichen Kompromiß nennt SLICHTER die Maximierung des Verhältnisses Profit zu den Kosten.

[3]) LOUIS B. SLICHTER (1960): „Prospektieren ist sicher das größte und beste Glücksspielgeschäft („gambling business") der Welt."

[4]) Vor allem, wenn die Körper im Plan eine isometrische Form besitzen; bei langgestreckten, schmalen Körpern ist das gleiche Ziel schwieriger zu erreichen.

Tatsächlich gibt es amerikanische Veröffentlichungen, in denen vorgeschlagen wurde, ganze Staaten mit einem regelmäßigen Bohrnetz zu überziehen. Es verwundert nicht, daß sich niemand gefunden hat, diesen Vorschlag in der Praxis zu realisieren, d. h. zu finanzieren.

SLICHTER, der 1960 Direktor des Instituts für Geophysik an der Universität von Kalifornien war, untersucht anschließend und besonders eingehend die Wahrscheinlichkeit einer Lagerstättenentdeckung mit Hilfe geophysikalischer Erkundungsprofile (bevorzugt Aerovermessungen). Dabei verweist er zwar auf die gefährliche Rolle subjektiver Urteile über den Wert oder die Bedeutungslosigkeit festgestellter Anomalien (sind sie durch Erzkörper verursacht oder durch andere geologische Faktoren?), ohne jedoch diese Frage zu entscheiden. Er untersucht lediglich mit einfachen rechnerischen Mitteln das Problem, wie eng Profillinien liegen müssen, um eine Lagerstätte (hier gleichgesetzt einer Anomalie) ein-, zwei- oder gar dreimal zu schneiden, wenn angenommen wird, daß diese eine bestimmte Größe aufweisen und im untersuchten Gebiet zufällig verteilt sind.

Als Ausdruck für die „Erfolgsrate" schlägt er vor, die Entdeckungswahrscheinlichkeit durch die Entdeckungskosten zu dividieren. Es erübrigt sich, hier näher auf die von ihm dargelegten Einzelheiten einzugehen, weil sich die ganze von ihm geforderte „neue Philosophie des Prospektierens" in diesen Grundgedanken erschöpft.

Es ist nicht schwer zu erkennen, daß SLICHTER auf seine Weise versucht, eine Methodik der Lagerstättensuche zu entwickeln, die Profilabstände geophysikalischer Messungen zu bestimmen und Aufwand und Erfolg einander gegenüberzustellen, d. h. die Lagerstättensuche auf eine wissenschaftliche Basis zu stellen. Ihr Mangel — die Nichtberücksichtigung geologischer Erkenntnisse — wurde allerdings auch in der Folge (z. B. von M. F. AYLER 1963) nur ganz unbedeutend korrigiert.

Aus diesen Vorschlägen und dem Zeitpunkt ihrer Veröffentlichung ist der große Rückstand zu erkennen, der im Westen die Erkundungswissenschaft — international im wesentlichen in der UdSSR entwickelt — auch gegenwärtig noch kennzeichnet. Verwunderlich ist lediglich, daß diese Tatsache von einzelnen Wissenschaftlern bei uns quasi in ihr Gegenteil verkehrt wurde.

Worauf ist das zurückzuführen?

5. Die optimale Verteilung von Mitteln für Suche und Erkundung

Wirtschaftswissenschaftler interessiert verständlicherweise in erster Linie die ökonomische Begründung von Such- und Erkundungsarbeiten. Es ist leider eine Tatsache, daß diese Begründung — obwohl durch Instruktionen und Anweisungen als wesentlicher Bestandteil eines geologischen Erkundungsprojekts gefordert — gegenwärtig noch oft zu wünschen übrigläßt. Hier bietet sich für unsere praktische Arbeit[5]) ein weites Feld zur Qualitätsverbesserung und unmittelbaren Erhöhung der Effektivität an.

[5]) Wir betonen „praktische Arbeit", weil die wissenschaftlichen Grundlagen dafür — insbesondere die methodischen — seit Jahren im wesentlichen ausgearbeitet vorliegen.

Die richtige (optimale) Verteilung der Mittel für die Suche und Erkundung ist tatsächlich in jeder praktischen Situation ein Kernproblem. Leider sind die Darlegungen dazu von H. BACHMANN (1968, S. 661—662) weder theoretisch noch praktisch eine Lösung, zumal er sich erkundungsstrategisch völlig auf die westliche (ungeologische) Position begibt. Ferner versäumt er, auf einige wesentliche Präliminarien einzugehen, die für die sozialistische Volkswirtschaft zu bestimmen sind.

So geht er z. B. bei seinen Betrachtungen von „höffigen Gebieten oder Formationen" aus, ohne zu erläutern, wie er zu ihrer Einschätzung kommt. Er spricht von begrenzten, zur Verfügung stehenden Mitteln, ohne zu erläutern, wie und wodurch ihre Höhe — für die sinnvolle Bereitstellung — bestimmt wird. Er behandelt die Mittel für die Suche, ohne ihre (im übrigen variablen) Relationen zu den Mitteln für die Erkundung zu betrachten. Dies alles und andere nicht erwähnte Aspekte (die Kosten z. B. für eine Einzelbohrung sind bei organisatorischer und geographischer Konzentration der Arbeiten nicht konstant) müssen beim Leser Gefühle der Unbefriedigtheit und Ablehnung wecken, zumal unser strategisches Herangehen in allen Punkten überzeugender, überschaubarer und praktikabler ist.

Nehmen wir als Beispiel eine unserer bestätigten Lagerstättenprognosen (z. B. für Erdöl-Erdgas im Zechstein).

Die Höhe der zu erwartenden Vorräte ist bekannt. (Sie könnten höchstens größer werden.) Mit Hilfe eines aus der bisherigen Praxis übernommenen geplanten Ausbringekoeffizienten wissen wir, mit welchen ausbringbaren Vorräten (vor allem primär) gerechnet werden darf. Daraus kann abgeleitet werden, welche vertretbaren Mittel die Volkswirtschaft für den Nachweis der Lagerstätten und deren Erkundung ausgeben kann. Der Stand der Vorratsbasis sowie der Förderung und ihre notwendige Entwicklung bestimmen

a) die variablen Proportionen zwischen Aufwand für Suche und Erkundung sowie für Produktionsbohrungen (einschließlich jeweiliger Hilfsleistungen),

b) die differenziert ausgewiesenen prognostischen Vorräte (für bestimmte geologische oder Berechnungsgebiete) gestatten es, nicht nur die Kosten für jedes Gebiet differenziert zu ermitteln, sondern diesen Einzelwerten auch die zu erbringenden Vorräte gegenüberzustellen.

Ein solches Herangehen an die Suche und Erkundung hat selbstverständlich nichts mit einem „Glücksspiel" zu tun. Es ist vielmehr eine echte Ingenieurarbeit, die sich auf die Lagerstättenprognose stützt (eine wissenschaftliche Grundlage von hohem Range). Was eine Lagerstättenprognose zu leisten vermag, haben die Geowissenschaftler in der DDR gerade in jüngster Vergangenheit glänzend unter Beweis gestellt. Ein solches Herangehen ermöglicht es auch, anders an die ökonomische Effektivität eines durchgeführten Suchprogramms heranzugehen. Dann trifft z. B. die Behauptung von H. BACHMANN (S. 665):

„Die Effektivität eines solchen Programmes kann erst dann endgültig beurteilt werden, wenn ein gesamtes als höffig erkanntes Gebiet oder eine entsprechende Formation mit der erforderlichen Gründlichkeit abgesucht worden ist", in dieser absoluten Formulierung nicht zu. Ein Programm kann durchaus für Teile eines Gebiets oder einer Formation ausgearbeitet, durchgeführt und hinsichtlich seiner Effektivität beurteilt werden. (Es muß z. B. nicht gewartet werden, bis der ganze Zechstein oder das ganze Rotliegende mit Sucharbeiten überdeckt worden sind.) Bei uns gibt es eben — im Unterschied z. B. zu amerikanischen Suchstrategien — doch einen „Maßstab der Effektivität in dem Sinne, daß Aufwand und Ertrag in beliebig (wenn „beliebig" nicht buchstäblich, sondern geologisch sinnvoll verstanden wird. F. ST.) unterteilbaren zeitlichen und räumlichen Einheiten dem Nutzenkriterium entsprechen" (H. BACHMANN 1968).

6. Die Rolle der Operationsforschung im geologischen Bereich

Die Operationsforschung als Bestandteil der marxistisch-leninistischen Führungswissenschaft hat auch im geologischen Bereich ein weites Betätigungsfeld. Kaum eine bedeutende theoretische oder praktische Arbeit ist gegenwärtig ohne Einsatz beträchtlicher Mittel und Kräfte zu lösen. Das gilt für die Forschung und den wissenschaftlichen Vorlauf im allgemeinen, ebenso wie für die Suche und Erkundung. Bei der Schaffung einer modernen Arbeitsorganisation (Wirtschafts- und Wissenschaftsorganisation) kann auch bei uns nicht auf die Operationsforschung verzichtet werden. Ohne Anwendung ihrer Methoden wird es auch in unserem Bereich nicht möglich sein, optimale Lösungen zu finden.

Negative Auswirkungen müssen jedoch solche Verhaltensweisen haben, bei denen die Methoden der Operationsforschung nicht unser vorhandenes geowissenschaftliches Arsenal ergänzen und bereichern, sondern es — nach schlechtem amerikanischem Vorbild — ganz oder weitgehend ersetzen sollen. Das wäre kein Fortschritt (wie er durch sachgemäße Anwendung der Operationsforschung möglich ist), sondern ein Rückschritt auf Positionen, wie wir sie in der Erkundungswissenschaft nach 1945 bei uns vorgefunden haben.

Nicht der „lange Atem" oder der „Mut zum Risiko" müssen gegenwärtig als wichtig für unser Teilsystem hervorgehoben werden, sondern die Schaffung des unbedingt erforderlichen wissenschaftlichen Vorlaufs für die Suche und Erkundung, in erster Linie des geowissenschaftlichen Vorlaufs, jedoch auch des technischen und technologischen. Entscheidende Schritte hierzu wurden bereits getan. Es gilt, das erfolgreich Begonnene beharrlich fortzusetzen.

Zusammenfassung

Bezeichnungen, wie Suchstrategie u. ä., müssen begrifflich definiert und von benachbarten Begriffen abgegrenzt werden, wenn sie mehr als literarische Bedeutung haben sollen. Wird der Begriff Strategie in die Erkundungswissenschaft aufgenommen, ist er zukünftig nur in seinem Definitionsbereich zu verwenden.

Gegenwärtig können zwei Grundtypen der Suchstrategie unterschieden werden: der geowissenschaftlich begründete und der spieltheoretische. Es wird der Standpunkt vertreten, daß nur der erste progressiv ist.

Die Methoden der Operationsforschung und ihre Anwendung im geologischen Bereich werden als eine Bereicherung des wissenschaftlichen Arsenals anerkannt, ihre Verwendung als Ersatz für geowissenschaftliche wird abgelehnt.

Резюме

Для таких понятий как поисковая стратегия и др. необходимо дать их определение и разграничение от других понятий, если они должны иметь больше, чем литературное значение. Если понятие стратегия будет применяться как термин пойсковой науки, его в дальнейшем можно применять только в соответствии с данным определением.

В настоящее время можно различать два основных типа поисковой стратегии: один тип — обоснованный науками о Земле, другой — теорией игры. Автор придерживается мнения, что только первый тип является прогрессивным.

Методы исследования операций и их применение в области геологии являются обогащением научного геологического арсенала, но они не могут заменить методы, принятые в науках о Земле.

Summary

Designations such as strategy of prospection and the like must be defined and must be delimited from neighbouring terms, in order to confer upon them an importance other than a merely literary one. Provided the term of strategy is included in the science of exploration, it must only be used within its sphere of definition for the future.

At resent, two basic types of strategy of prospection can be distinguished: the type based on geosciences and the type based on the theory of play. The author takes the view that the first only is a progressive one.

The methods of Operation Research and their application to the geological sphere are recognized as an addition to the scientific arsenal. Their use as a substitution for geoscientific methods is rejected.

Literatur

AYLER, M. F.: Statistical Methods Applied to Mineral Exploration. — Miner. Congr. J., Nov.-Heft (1963).

BACHMANN, H.: Zur Problematik ökonomisch begründeter Such- und Erkundungsstrategien in der Geologie. — Z. angew. Geol., 14, 12, Berlin 1968.

CHURCHMAN, C. W., R. L. ACKOFF & E. L. ARNOFF: Operations Research. Eine Einführung in die Unternehmensforschung. — Verl. Die Wirtschaft, Berlin 1966.

KREJTER, W. M.: Aufgaben und Bedeutung der Lehre vom Aufsuchen und Erkunden von Lagerstätten mineralischer Rohstoffe. — Z. angew. Geol., 8, 9, Berlin 1962.

LILLEY, E. R.: Economic Geology of Mineral Deposits. — Verl. H. Holt & Co., New York 1936.

SLICHTER, L. B.: The Need of a new Philosophy of Prospecting. — Miner. Eng., Juni-Heft (1960).

STAMMBERGER, F.: Das Wesen der geologischen Erkundung und ihr Platz in der Gesellschaft. — Z. angew. Geol., 11, 8, Berlin 1965.

— Grundfragen der ökonomischen Geologie. — Akademie-Verlag, Berlin 1966.

Zeitschrift für angewandte Geologie, Bd. 15 (1969), Heft 9

Beitrag zu einer Bemusterungskonzeption für Speicherhorizonte unter Anwendung mathematischer Verfahren

Winfried Rasemann, Freiberg (Sa.)

(Sektionsmitteilung Nr. 32 der Sektion Geowissenschaften der Bergakademie Freiberg, Lehrstuhl für Erdöl-, Erdgas- und Kohlengeologie)

Problemstellung

In der Petrophysik wurden in den letzten Jahren die Meßmethoden für gesteins- und porenphysikalische Größen wie Porosität, Permeabilität, Porengröße usw. erheblich verfeinert. In analoger Weise zeichnet sich ein zunehmender Gebrauch mathematischer Methoden zur Bearbeitung und Auswertung der so gewonnenen Daten für geologische Aufgabenstellungen ab. Gegenüber dieser Entwicklung der Datenerfassung und -verarbeitung ist die Gewinnung von substantiellen Datenträgern — die Probenahme — bislang recht vernachlässigt worden. Nicht selten wird ein komplizierter mathematischer Apparat auf ein Datenmaterial angewandt, über dessen Fehlerschranken und Repräsentanz keine Aussagen getroffen werden können. Zweck der Probenahme soll sein, aus der zur Auswahl stehenden Gesamtmenge möglicher Daten eine gewisse Teilmenge — eine Stichprobe — nach einem vorgeschriebenen Schema zu entnehmen. Daran knüpft sich die Forderung, daß die Ergebnisse der Stichprobe mit bestimmter statistischer Sicherheit und innerhalb vorgegebener Fehlerschranken auf das Gesamtobjekt übertragbar, also hinreichend repräsentativ für den Untersuchungsgegenstand, sind. Als wichtigste Maßnahmen leiten sich aus dieser Forderung ab: Ermittlung optimaler Stichprobenumfänge, Festlegung eines geeigneten Probenahmeschemas und begründeter Probenahmeabstände. Hat man zu diesem Fragenkomplex für ein konkretes geologisches Objekt einmal zuverlässige Angaben erarbeitet, können diese der neuen Aufschlußkonzeption zugrunde gelegt werden. Daraus ergibt sich die Möglichkeit, die Datenerfassung und -verarbeitung und die daraus resultierende Bewertung des Objektes sinnvoll zu gestalten. Da zu diesem Problemkreis für die Speicherhorizonte der DDR seither kaum systematische Untersuchungsergebnisse größeren Umfangs bekannt geworden sind, soll am Beispiel der Bemusterungsergebnisse einer Thüringer Bohrung im Buntsandstein demonstriert werden, mit welchen mathematischen Mitteln man zu brauchbaren Aussagen bei der Probenahme gelangen kann.

Die Arbeiten bildeten die Grundlage für die Ermittlung vergleichbarer und reproduzierbarer Daten petrophysikalischer Parameter, die mit mathematischen Methoden für verschiedene geologische Aufgabenstellungen bearbeitet werden sollten. Bemustert wurde der Sandsteinkomplex des Buntsandsteins.

Ermittlung des Stichprobenumfangs

Der notwendige Stichprobenumfang für eine Kenngröße hängt von deren Variabilität und der geforderten Genauigkeit und Sicherheit der Aussage ab. Als Variabilitätskriterium kann der Variationskoeffizient dienen, den man sich aus Analogiebetrachtungen oder orientierenden Voruntersuchungen verschaffen muß. Im vorliegenden Fall konnte auf 159 Porositätswerte aus dem Mittleren Buntsandstein einer nahe gelegenen Bohrung zurückgegriffen werden, die einer Lognormalverteilung genügten. Damit wurden Konfidenzschätzungen für den Erwartungswert μ und die Standardabweichung σ zur Irrtumswahrscheinlichkeit $\alpha = 0{,}05$ berechnet:

$$1{,}039 \leq \mu \leq 1{,}079$$

und

$$0{,}1161 \leq \sigma \leq 0{,}1449$$

Daraus läßt sich mit der oberen Schranke für σ und der unteren Schranke für μ eine Schätzung für den Variationskoeffizienten $v_x = \sigma/\mu$ angeben:

$$v \approx 0{,}14$$

In der Literatur werden verschiedene Formeln zur Berechnung des Stichprobenumfangs bekanntgegeben.

Sehr brauchbare Beziehungen für den optimalen Stichprobenumfang führen auf den zentralen Grenzwertsatz der Statistik zurück.

Danach ist (Smirnow & Dunin-Barkowskij 1963)

$$P\left\{\left|\frac{\bar{x}-\mu}{\frac{\sigma}{\sqrt{n}}}\right| < z_\alpha\right\} \approx 2\Phi_0(z\alpha) = 1-\alpha \qquad (1)$$

und daraus

$$n \geq \frac{z_\alpha^2 \cdot \sigma^2}{|\bar{X}-\mu|^2} \qquad (2\,\mathrm{a})$$

oder

$$n \geq \frac{4 z_\alpha^2 \cdot \sigma^2}{b^2} \qquad (2\,\mathrm{b})$$

wobei b die Breite des Vertrauensintervalls für den Erwartungswert μ ist. z_α ist das Argument der normierten Normalverteilung $\Phi_0(z_\alpha)$, für das das Wahrscheinlichkeitsintegral den Wert $(1-\alpha)/2$ annimmt.

In der Praxis wird manchmal gefordert, daß der absolute relative Fehler $\left|\frac{\bar{X}-\mu}{\mu}\right|$ eine vorgegebene Schranke γ mit der Sicherheit $1-\alpha$ nicht überschreite. Dann gilt analog

$$n \geq \frac{z_\alpha^2 \cdot \frac{\sigma^2}{\mu^2}}{\gamma^2} \qquad (2\,\mathrm{c})$$

Die theoretischen Werte für σ und μ dürften in den seltensten Fällen bekannt sein; deshalb muß man sich

Eingang des Manuskripts in der Redaktion: 23. 5. 1969.

mit Schätzungen für σ und μ begnügen, wobei Vertrauensschätzungen gegenüber Punktschätzungen vorzuziehen sind.

Um dem Praktiker den Rechenaufwand zu erleichtern und eine Ablesung der z_α-Werte aus den nicht immer verfügbaren Tabellen zu ersparen, hat Verf. für die Beziehung (2c) zwischen den Größen n, γ und $v_x = \sigma/\mu$ Nomogramme zur Irrtumswahrscheinlichkeit $\alpha = 0{,}01$ und $\alpha = 0{,}05$ konstruiert (Abb. 1 und Abb. 2).

Zur Ermittlung eines Richtwerts für den Stichprobenumfang wurde von dem berechneten Variationskoeffizienten $v_x = 0{,}14$ ausgegangen. Mit einem Fehler des Erwartungswerts von $\gamma = 0{,}03$ und einer Irrtumswahrscheinlichkeit $\alpha = 0{,}05$ erhält man $n_0 = 85$. Dieser Wert kann nur eine größenordnungsmäßige Abschätzung sein, da neben der Porosität noch andere Parameter untersucht werden sollten, für die eine wesentlich höhere Streuung zu erwarten war. In solchen Fällen muß der Stichprobenumfang auf einen Parameter eingestellt werden, der für die Untersuchungen als grundlegend angesehen wird oder mit vielen anderen Parametern korreliert ist. Als solcher Leitparameter wurde die Permeabilität erkannt.

Als Arbeitshypothese wurde auf Grund früherer petrographischer Untersuchungen (SEIDEL 1965, LANGBEIN 1967) angenommen, daß der Mittlere und der Untere Buntsandstein petrographisch und petrophysikalisch unterschiedliche Schichtkomplexe sind, die gesondert behandelt werden müssen. Von diesen Komplexen ist bekannt, daß sie in sich geschichtet sind. Da jedoch die für die Rechnung benötigten statistischen Maßzahlen unbekannt waren, mußte zweckmäßigerweise für jede stratigraphische Einheit (sm, su) ein unbeschränktes Erhebungsschema angewandt werden. Das Profil wurde gleichmäßig mit einem durchschnittlichen Probenahmeabstand von 0,60 m bemustert.

Das Gegenteil wäre ein geschichtetes Erhebungsschema, bei dem die Probenmenge proportional der Streuung und Mächtigkeit jeder Einzelschicht entnommen wird.

An der festgelegten minimalen Datenmenge wurden zunächst die Porosität und Permeabilität bestimmt, deren Verteilungsgesetze ermittelt und danach die statistischen Maßzahlen Mittelwert und Streuung berechnet. Anschließend wurde mit diesen Werten die Genauigkeitsbedingung

$$\gamma = \left| \frac{\bar{X} - \mu}{\mu} \right| \geq \frac{t_{n_r-1,\alpha}}{\mu_r} \frac{S_r}{\sqrt{n_r}} \tag{3}$$

für den Stichprobenumfang n_r geprüft; die Formel ergibt sich aus der bekannten Beziehung für das Vertrauensintervall für den Erwartungswert μ. $t_{n_r-1,\alpha}$ ist ein tabellierter Wert der STUDENTschen t-Verteilung zum Freiheitsgrad $n_r - 1$ und zur Irrtumswahrscheinlichkeit α. Für μ wurde die untere Vertrauensschranke eingesetzt. Solange die Forderung (3) nicht erfüllt war, mußte die Datenmenge erhöht werden. Dazu wurde das von BANDEMER (1965) entwickelte Iterationsverfahren als Erweiterung von (2) benutzt:

$$n_{r+1} = \frac{4 z_\alpha^2 \cdot (n_r - 1)\, S_r^2}{b^2 \chi^2_{n_r} - 1, \alpha} \tag{4}$$

$\chi^2_{n_r} - 1, \alpha$ ist der kritische Wert der χ^2-Verteilung für $n_r - 1$ Freiheitsgrade und eine Irrtumswahrscheinlichkeit α. Jeder Berechnung eines neuen n_{r+1} werden die Werte der vorhergehenden Stichprobe vom Umfang n_r zugrunde gelegt. Die Iteration bricht ab, wenn die Genauigkeitsforderung (3) erfüllt ist. Anstelle der Breite des Vertrauensintervalls b in (4) kann wieder der absolute relative Fehler für μ gesetzt werden. Gemäß dieser Verfahrensweise konnten folgende Stichprobenumfänge ermittelt werden (Tab. 1):

Tab. 1. Berechneter Stichprobenumfang

Stratigraphische Einheit	Parameter	Stichprobenumfang		Relativer Fehler γ	Variations-koeff. v_x
		nach Iteration	nach Nomogramm		
Mittlerer Buntsandstein einschließlich Chirotherien-Sandstein	Porosität	200	150	0,03	0,1888
	Permeabilität	245	170	0,115	0,7641
Unterer Buntsandstein	Porosität	150	180	0,03	0,2050
	Permeabilität	380	–	0,30	9,8279

Alle Berechnungen beziehen sich auf eine Irrtumswahrscheinlichkeit von $\alpha = 0{,}05$.

Es erwies sich, daß das Verfahren (2) eine gute größenordnungsmäßige Übereinstimmung der Stichprobenumfänge mit dem Verfahren (4) ergibt, wenn der Variationskoeffizient v_x kleiner als 1 ist. Für Werte von v_x wesentlich größer als 1 bei lognormal verteilten Zufallsgrößen ist das Iterationsverfahren geeigneter. Die Unterschiede zwischen den beiden Verfahren erklären sich dadurch, daß dem Variationskoeffizienten für die Nomogrammablesung alle Daten des Komplexes zugrunde liegen, während das Iterationsverfahren früher abbricht. In der Praxis wird man beim Gebrauch des Nomogramms ohnehin anders verfahren müssen, als hier zum Verständnis des Verfahrens gezeigt wurde.

Festlegung des Probenabstands durch Autokorrelation

In Anbetracht der Größenordnung der für die Bestimmung des Erwartungswerts der lognormal verteilten Permeabilität kalkulierten Fehler (bis 30%) erhob sich die Frage, ob bei dem gewählten Probenahmeabstand von 0,60 m noch eine hinreichende Aussagegenauigkeit gewährleistet sei und ob eine Verdichtung der Entnahmepunkte eine wesentliche Steigerung der Genauigkeit zur Folge hätte.

Der Lösung dieses Problems lag folgender Gedankengang zugrunde. Bei der Berechnung des Stichprobenumfangs n wurde die Unabhängigkeit der Einzelwerte vorausgesetzt und die für die Rechnung benötigte Streuung nach den dafür bekannten Verfahren ermittelt. Inwieweit diese Voraussetzung erfüllt ist, kann mit der Kovarianz

$$K_x(t_1, t_2) = \mathrm{cov}\,[X(t_1), X(t_2)]$$
$$= E\,\{[X(t_1) - EX(t_1)]\,[X(t_2) - EX(t_2)]\} \tag{5}$$

Zeitschrift für angewandte Geologie, Bd. 15 (1969), Heft 9

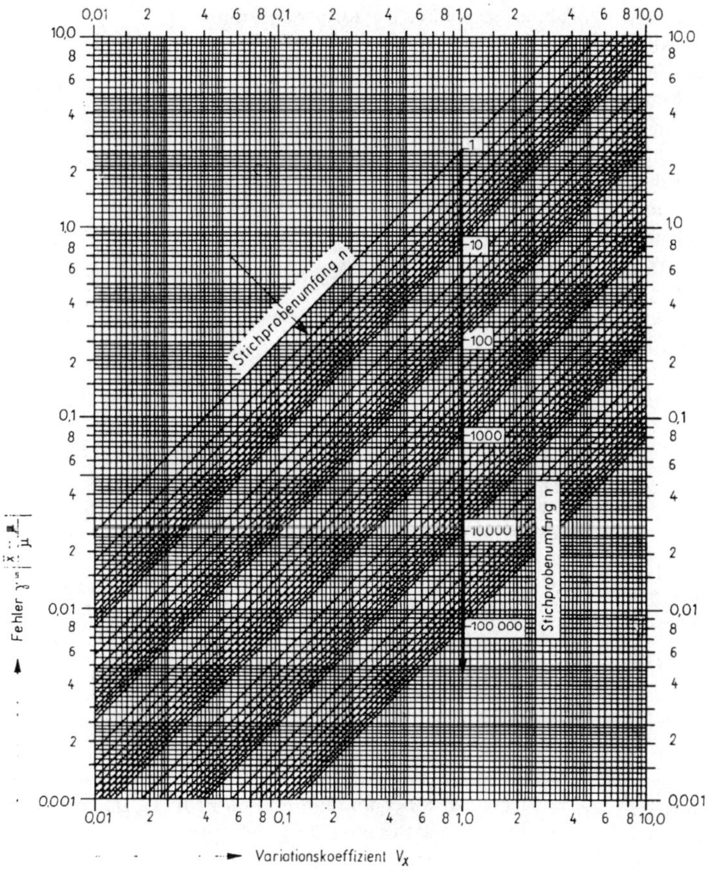

Abb. 1. Nomogramm zur Bestimmung des Stichprobenumfangs n zur Irrtumswahrscheinlichkeit

$$\alpha = 0{,}05,\ n \geq \frac{Z_\alpha^2 \cdot V_x^2}{\gamma^2}$$

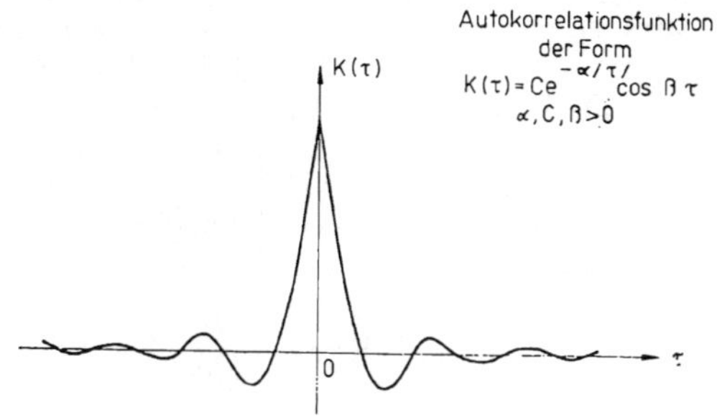

Abb. 3. Theoretische Autokorrelationsfunktion

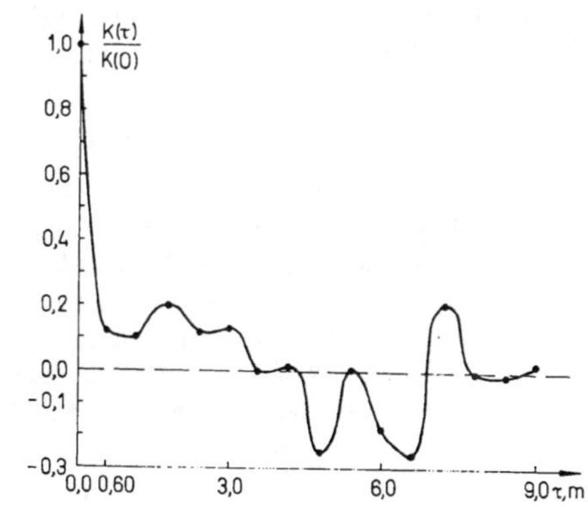

Abb. 4 Autokorrelationsfunktion für die Porosität im Mittleren Buntsandstein

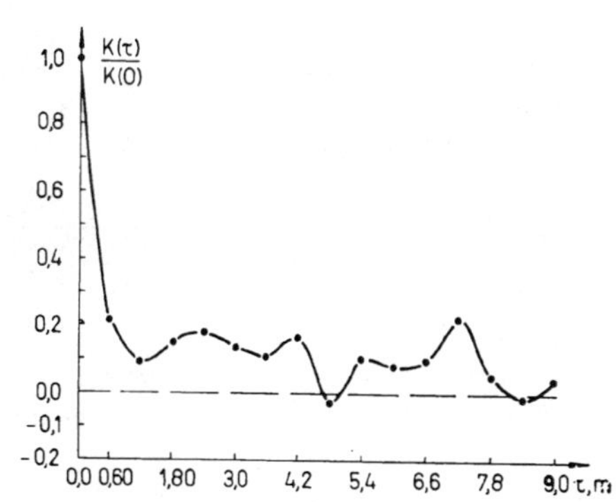

Abb. 5. Autokorrelationsfunktion für die Permeabilität im Mittleren Buntsandstein

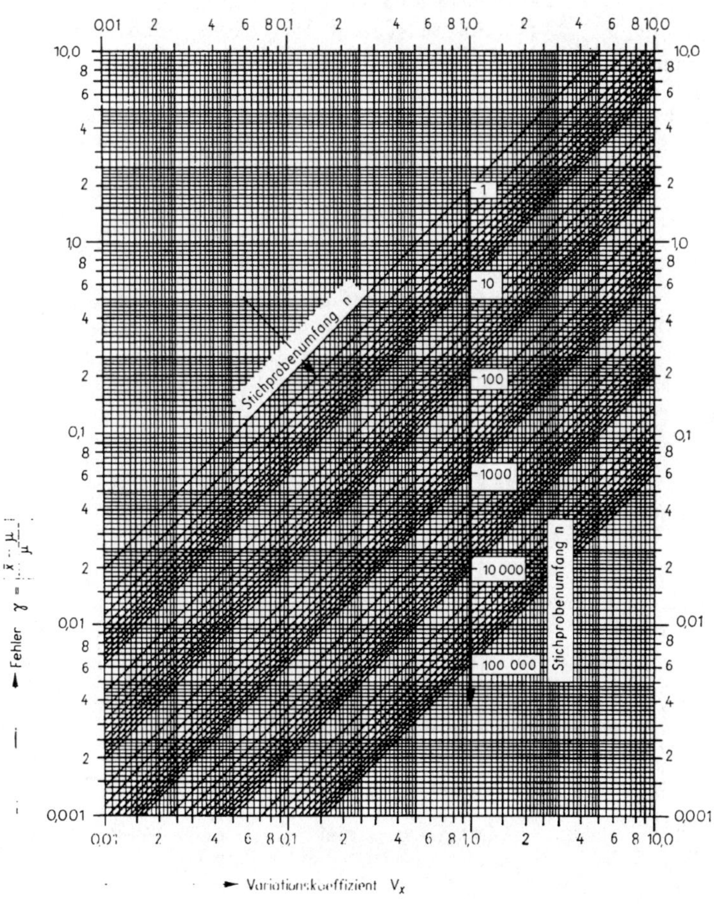

Abb. 2. Nomogramm zur Bestimmung des Stichprobenumfangs n zur Irrtumswahrscheinlichkeit

$$\alpha = 0{,}01,\ n \geq \frac{Z_\alpha^2 \cdot V_x^2}{\gamma^2}$$

zweier Zufallsgrößen $X(t_1)$ und $X(t_2)$, die den Werten der Profillänge t zugeordnet sind, überprüft werden. Mit $EX(t_1)$ und $EX(t_2)$ seien die Erwartungswerte dieser Zufallsgrößen in den Punkten t_1 und t_2 bezeichnet. Läßt man t_1 und t_2 alle zugelassenen Werte des Parameters t durchlaufen, ist die Kovarianz eine nichtzufällige Funktion der beiden Veränderlichen t_1 und t_2 oder bei Stationarität der Zufallsfunktion $X(t)$ nur abhängig von der Differenz $\tau = t_2 - t_1$. Diese Funktion wird als Korrelationsfunktion $K(\tau)$ oder Autokorrelationsfunktion bezeichnet. Mit ihrer Hilfe läßt sich ein τ ermitteln, für das der Fehler in der Bestimmung der Streuung nach dem Verfahren für unabhängige Zufallsgrößen in praktisch erträglichen Grenzen liegt. Im allgemeinen verwendet man die normierte Korrelationsfunktion

$$\tilde{K}(\tau) = \frac{K(\tau)}{K(0)} \tag{6}$$

Das ist die auf die Streuung $D^2X(t) = K(0)$ bezogene Kovarianz in Abhängigkeit vom Probenahmeabstand τ. Die Funktion hat die Eigenschaft: $K(\tau) \leqq 1$ und genügt häufig einer abklingenden Schwingung der allgemeinen Form (Abb. 3) (SWESCHNIKOW 1965)

$$\tilde{K}(\tau) = Ce^{-\alpha|\tau|} \cdot \cos \beta\tau, \quad C > 0, \alpha, \beta > 0 \tag{7}$$

Im vorliegenden Fall wurde die Korrelationsfunktion für 130 bis 160 Daten aus sehr gleichmäßig bemusterten Profilabschnitten mit dem Rechenautomaten Cellatron SER 2b berechnet. Für die Porosität im Mittleren Buntsandstein im Intervall 581,40—660,85 m hat die Kovarianzfunktion bereits bei dem minimalen Probenahmeabstand $\tau = 0{,}60$ m den Wert 0,1 (s. Abb. 4). Die mittlere Streuung im Intervall beträgt $S^2 = 9{,}0$. Für zwei unabhängige Zufallsgrößen X und Y ergibt sich gemäß

$$\sqrt{D^2(X+Y)_u} = \sqrt{S_x^2 + S_y^2} \tag{8}$$

eine Standardabweichung von $S_{(X+Y)1} = 4{,}243$.

Bei Berücksichtigung der Kovarianz gemäß der Beziehung für abhängige Zufallsgrößen

$$\sqrt{D^2(X+Y)_a} = \sqrt{S_x^2 + S_y^2 + 2\,\mathrm{cov}\,(X, Y)} \tag{9}$$

erhält man $S_{(X+Y)2} = 4{,}266$.

Daraus resultiert ein absoluter relativer Fehler in der Bestimmung der Standardabweichung gemäß

$$\left|\frac{S_1 - S_2}{S_2}\right| = \varepsilon \tag{10}$$

von $\varepsilon = 0{,}0054$ entsprechend 0,54%. Das heißt, der Fehler der Standardabweichung, oder anders formuliert, der Fehler des Fehlers für einen Einzelwert ist noch kleiner als 1%.

Für die Porosität im Unteren Buntsandstein wurde keine Autokorrelationsfunktion berechnet, sondern nur

Tab. 2. Ergebnisse der Autokorrelation

Stratigraphische Einheit	Parameter	Korrelationsfunktion $K(\tau)$ bei = 0,60 m bzw. = 0,55 m	Streuung S^2	Fehler der Standardabweichung $\varepsilon = \left\|\frac{S_1 - S_2}{S_2}\right\|$
Mittlerer Buntsandstein	Porosität	0,10	9,0	0,0054
	Permeabilität	0,20	0,5–0,8	0,15–0,10
Unterer Buntsandstein	Porosität	abgeschätzt	13,5	0,01
	Permeabilität	–0,03	0,415	0,04

eine Abschätzung vorgenommen. Die Streuungen liegen im Mittel um 50% höher, also bei $S^2 = 13{,}5$. Dadurch wird der Einfluß der Kovarianz noch geringer. Selbst bei einem Wert von cov $(X, Y) = 0{,}2$ läge der Fehler von S noch unter 1%.

Die Autokorrelationsfunktion für die Permeabilität im Mittleren Buntsandstein ist eine für sinnvolle Probenahmeabstände τ nicht Null werdende Funktion, die annähernd um den Wert cov $(X, Y) = 0{,}15$ schwankt (Abb. 5). Im Unteren Buntsandstein ergibt sich eine um Null schwankende Funktion von der Form einer abklingenden Schwingung (Abb. 6).

Die Ergebnisse sind in Tab. 2 zusammengefaßt. Sie bestätigen, daß bei dem minimalen Probenahmeabstand von 0,60 m bedenkenlos mit dem linearen Anteil der Streuungen gerechnet werden kann. Der gewählte Probenahmeabstand ist also gerechtfertigt.

Ergänzend sei darauf hingewiesen, daß man bei gegebener Werteanzahl der Tabelle der Zufallshöchstwerte des Korrelationskoeffizienten $R(X, Y)$ (z. B. bei STORM 1967) entnehmen kann, wie groß zu vorgegebenem Signifikanzniveau α der Wert $\tilde{K}(\tau)$ höchstens sein darf, damit Unabhängigkeit der Einzelwerte angenommen werden kann. Im sm ist $n = 267$ und für $\alpha = 0{,}05$ $R(X, Y) \approx 0{,}12$, im su ist $n = 400$, damit $R(X, Y) = 0{,}10$. Diese Werte stimmen relativ gut mit den berechneten überein.

Es erwies sich weiterhin, daß eine Verdichtung des Probenahmeabstands für die Porosität theoretisch möglich, in Anbetracht der schon für relativ geringe Stichprobenumfänge von $n = 150$—200 erfüllten Ge-

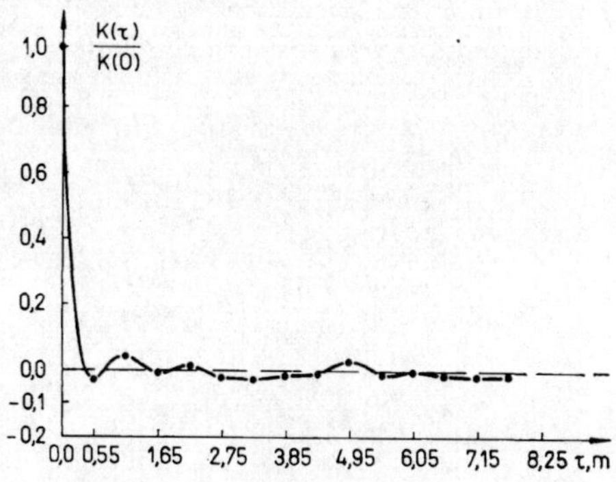

Abb. 6. Autokorrelationsfunktion für die Permeabilität im Unteren Buntsandstein

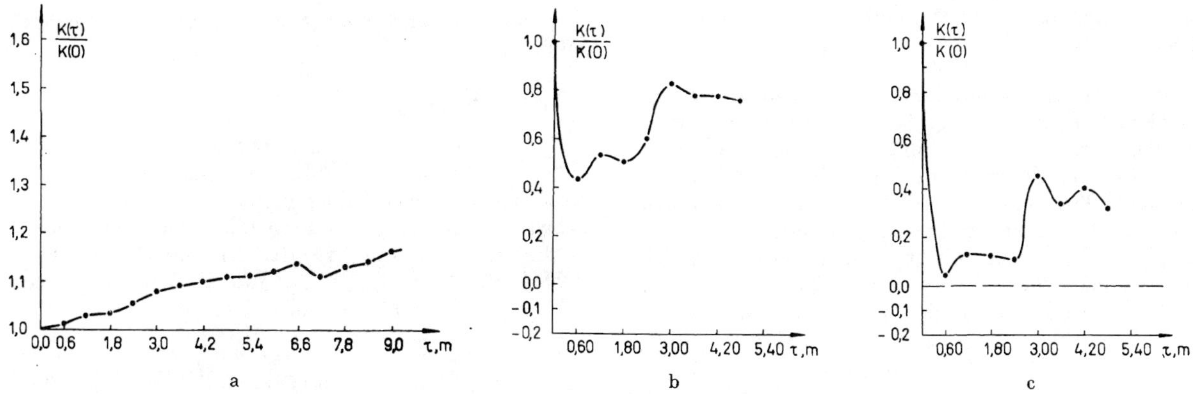

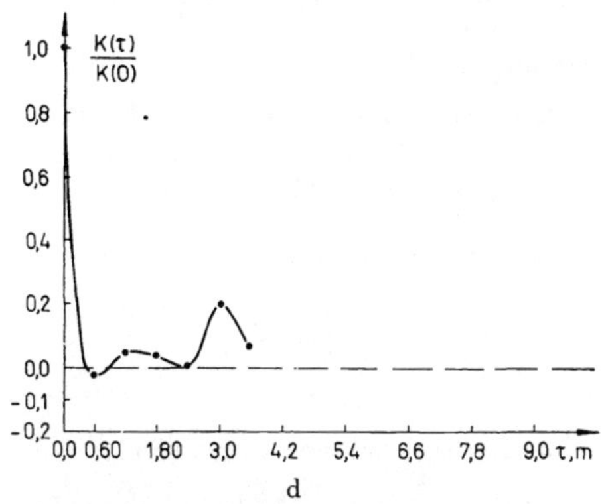

Abb. 7. Autokorrelationsfunktionen für die Gerüstdichte bei verschiedenen Näherungen:

a) nach Näherungsformel: x_i ungeändert, b) nach Näherungsformel: $x_j = x_i - 2{,}50$, c) nach Näherungsformel: $x_j = x_i - 2{,}60$, d) nach genauer Formel

nauigkeit von $\gamma = 0{,}03$ jedoch praktisch nicht nötig war (vgl. Tab. 1). Für die Permeabilität hingegen wäre eine Erhöhung des Stichprobenumfangs zwecks Herabminderung der Fehlerschranken zwar wünschenswert, würde aber bei erheblicher Zunahme der Kosten für Probenahme, Messung, Rechenarbeit usw. keine wesentliche Verbesserung der Genauigkeit zur Folge haben, da die Autokorrelationsfunktion im Intervall $0 \leq \tau \leq$ $\leq 0{,}60$ m sehr steil verläuft. Dies läßt sich durch eine einfache Abschätzung leicht nachprüfen: Durch eine Halbierung des Probenahmeabstands läßt sich der Stichprobenumfang für die Permeabilität im sm zwar verdoppeln, jedoch nur bei einer Verringerung des Fehlers für den Erwartungswert um ein Drittel und einer Erhöhung des Fehlers für die Standardabweichung auf das Zwei- bis Vierfache.

Bei der Berechnung der Autokorrelation für einen anderen Parameter, die Gerüstdichte, die zur petrographischen Charakterisierung herangezogen wurde, stellte sich heraus, daß die üblicherweise für die Programmierung gebrauchte Näherungsformel für $K(\tau)$ zu völlig entstellten Werten führt, wenn sich die eingegebenen Originalwerte x_j wenig voneinander unterscheiden. Der Näherungsformel liegen folgende Vereinfachungen zugrunde:

Die Korrelationsfunktion ist bei Stationarität durch

$$K(\tau) = \frac{1}{m - l - 1} \sum_{j=1}^{m-l} [x_j - \bar{x}]\,[x_{j+\tau} - \bar{x}] \qquad (11)$$

gegeben.

Hierin sind:

m — die Anzahl der Intervalle der Länge Δ im Intervall $[0, T]$, in dem die Zufallsfunktion gegeben ist;

l — die Anzahl der Intervalle der Länge Δ im Intervall τ;

$\bar{x}$ — der Mittelwert der x_j im Intervall $[0, T]$.

Oder über einige Umformungen nach der Bedingung: $m \gg l$, d. h., $T \gg \tau$ und Stationarität der Folge ist

$$K(\tau) = \frac{1}{m - l - 1} \sum_{j=1}^{m-l} x_j\, x_{j+\tau} - \bar{x}^2 \qquad (12)$$

Dies ist eine hinreichend gute Näherung für die ersten τ-Werte, bei denen $m \gg l$ noch gilt. Für $x_j \approx x_{j+\tau}$ und $x_j \approx \bar{x}$ ergibt sich über eine einfache Plausibilitätsbetrachtung mit

$$K(\tau) = \frac{m - 1}{m - l - 1}\, \bar{x}^2 - \bar{x}^2 \qquad (13)$$

eine monoton wachsende Folge mit Werten größer als Eins.

In solchen Fällen setzt man deshalb $x_i = x_j - a$, wobei a eine geeignete Konstante ist, durch die die Unterschiede zwischen den x_j hervorgehoben werden. Die Mehrzahl der Einzelwerte für die Gerüstdichte schwankte im Bereich $2{,}62 \leq \varrho_G \leq 2{,}66$. Mit zunehmender Güte der Näherung schiebt sich die Kurve $K(\tau)$ zu niedrigeren Werten. Die genaue Autokorrelationsfunktion nach (11) ist eine um Null schwankende Funktion (Abb. 7).

Zusammenfassend kann gesagt werden, daß die Autokorrelation das gewählte Probenahmeschema gerechtfertigt hat. Selbst für derart feingeschichtete, eng wechsellagernde und inhomogene Komplexe wie den Buntsandstein ist eine gleichmäßige Bemusterung des Profils sinnvoll. Der als optimal bewertete Probenahmeabstand von ca. 0,60 m entspricht den aus der Literatur bekannten Erfahrungen. So hatten DUPUY & POTTIER (1963) für den mit Tonsteinen wechsellagernden Sandstein der Erdöllagerstätte Hassi Messaoud mit Hilfe mathematischer Methoden einen optimalen Probenahmeabstand von ca. 0,50 m gewählt. Für die Bemusterung der Speichergesteine im Golfküstenbereich gibt MUSKAT (1959) einen Probenahmeabstand von 1 Fuß (= 0,30 m) als statistisch gesicherten Richtwert an.

Berechnung der Stichprobenumfänge für eine stratifizierte Folge

Nachdem der gesamte sandsteinführende Buntsandsteinkomplex in zwei großen Einheiten behandelt worden war, sollte überprüft werden, ob eine Stratifizierung der Einheiten im Sinne einer Zerlegung in homogene Teilbereiche und eine gesonderte Behandlung jeder Schicht bessere Ergebnisse erbringen würden. Die Aufgliederung wurde mit mathematischen Methoden vorgenommen, über die zu einem späteren Zeitpunkt berichtet werden soll. Zur Berechnung des Stichprobenumfangs n_i für jede Schicht der Mächtigkeit H_i wurde die bei FISZ (1963) angegebene Formel für geschichtete Erhebungsschemata auf die Schichtmächtigkeit modifiziert:

$$n_i = n \frac{H_i S_i}{\sum_i H_i S_i} \tag{14}$$

wobei S_i die Standardabweichung des betreffenden Parameters in der i-ten Schicht und n der für die gesamte betrachtete Einheit berechnete Stichprobenumfang ist. Zur Demonstration seien hier die Ergebnisse für die Permeabilität im Mittleren Buntsandstein vorgelegt (Tab. 3).

Die in Tab. 3 zusammengefaßten Schichten bilden einen homogenen Teilbereich. Die durch das geschichtete Erhebungsschema geforderten Stichprobenumfänge pro Schicht sind innerhalb der Fehlerschranken durch das unbeschränkte Erhebungsschema bereits gegeben.

Die Anwendung von Formel (14) setzt die Kenntnis hinreichend genauer Schätzungen für die Standardabweichung der Einzelschichten voraus. Für einen so inhomogenen Komplex, wie ihn der Buntsandstein repräsentiert, ist diese Forderung meist erst nach Vorliegen einer den endgültigen Genauigkeitsbedingungen genügenden Wertezahl erfüllt, also dann, wenn ein geschichtetes Erhebungsschema ohnehin nicht mehr nötig ist. Dieser Schluß wird durch folgende Tatsachen erhärtet: Erstens ist eine Untergliederung des Komplexes in homogene Teilbereiche erst möglich, wenn das Profil gleichmäßig mit einer gewissen Menge von Daten belegt ist. Zweitens bleiben auch bei geringerem Stichprobenumfang die Unterschiede zwischen den Streuungen in derselben Größenordnung, so daß der Forderung einer geschichteten Erhebung ohnedies Genüge getan wird.

Tab. 3. Bestimmung des Stichprobenumfangs für ein geschichtetes Erhebungsschema

Kenngröße: Permeabilität lg K — Stratigraphische Einheit: Mittlerer Buntsandstein

Genauigkeitsbedingungen: mittlerer Fehler: $\gamma = 0{,}115$ — Konfidenzniveau: $1 - \alpha = 0{,}95$

Horizont	Standardabweichung S_i [mD]	Mächtigkeit H_i (m)	$H_i S_i$	Stichprobenumfang	
				berechnet	tatsächlich
so_1	1,0554	28,35	19,87	72	51
sm_3	0,8924	15,55	13,88		
sm_2b	0,6959	22,20	15,45	75	65
sm_2a	1,0351	17,90	18,53		
sm_1b	0,6603	21,50	14,20	85	119
sm_1ao	0,6791	53,90	36,60		
sm_1au	0,8201	22,50	18,45	31	32
Gesamtkomplex		181,90	146,97	245	267

Fehlerabschätzung

Da der Berechnung der Stichprobenumfänge n und n_i mit Fehlern behaftete Größen zugrunde gelegt wurden, muß man mit einer Fehlerabschätzung den möglichen Schwankungsbereich abgrenzen. Nach dem GAUSSschen Fehlerfortpflanzungsgesetz ist der mittlere relative Fehler $m_f\,(X_1, X_2 \ldots)/f(\overline{X}_1, \overline{X}_2 \ldots)$ einer Funktion $f(X_1, X_2, \ldots, X_h) = Z$ durch

$$\frac{m_Z}{f(\overline{X}_1, \overline{X}_2, \ldots)} = \sqrt{\sum_{i=1}^{h} \left| \frac{m_{X_i} f_{X_i}}{f(\overline{X}_1, \overline{X}_2, \ldots)} \right|^2} \tag{15}$$

gegeben, wobei die

m_{X_i} — die absoluten mittleren Fehler der X_i,
f_{X_i} — die partiellen Ableitungen von $f(X_1, X_2, \ldots)$ nach X_i und $f(\overline{X}_1, \overline{X}_2 \ldots)$ den Wert der Funktion Z bei den Mittelwerten der X_i bedeuten.

Danach ist für n gemäß Formel (2c)

$$\frac{m_n}{n} = 2 \sqrt{\left| \frac{m\mu}{\mu} \right|^2 + \left| \frac{m_\sigma}{\sigma} \right|^2} \tag{16}$$

Über eine Konstruktion der Vertrauensintervalle für σ erhält man $0{,}1 \leq \frac{m_\sigma}{\sigma} \leq 0{,}2$. Weiterhin ist der Fehler für die Schätzung des Erwartungswerts $0{,}03 \leq \frac{m_\mu}{\mu} \leq 0{,}05$, für die Porosität und $0{,}115 \leq \frac{m_\mu}{\mu} \leq 0{,}3$ für die Permeabilität. Damit bewegt sich der mittlere relative Fehler für den Stichprobenumfang n in einem Bereich von 20 bis 60%.

Die Fehlerformel für den Stichprobenumfang n_i hat die Form

$$\frac{m_{n_i}}{n_i} = \sqrt{\left| \frac{(m_n)}{n} \right|^2 + \left| \frac{m_{S_i}}{S_i} \right|^2 + \left| \frac{m_\Sigma}{\sum_i H_i \cdot S_i} \right|^2} \tag{17}$$

Mit $0{,}1 \leq \frac{m_{s_i}}{s_i} \leq 0{,}3$ und $\frac{m_\Sigma}{\sum_i H_i S_i} \approx 0{,}03$ liegt der Fehler der n_i in den Grenzen von 20 bis 70%. Für die Permeabilität wird er näher an der oberen Schranke, für die Porosität mehr im unteren Bereich liegen. Außerdem sind für beide Parameter die Fehler im Unteren Buntsandstein kleiner als im Mittleren, da im Unteren Buntsandstein die Variationskoeffizienten generell größer sind.

Mit diesen Fehlerabschätzungen ist gesichert, daß sich die tatsächlichen, durch das Probenahmeschema gegebenen Stichprobenumfänge n_i pro Schicht innerhalb der berechneten Werte bewegen und damit die Bedingung eines optimalen Erhebungsschemas erfüllt ist.

Wirksamkeitsprüfung

Mitunter kann die Forderung gestellt werden, die Erhebungsschemata auf ihre Wirksamkeit zu untersuchen. Als Entscheidungskriterium dient die Streuung des Mittelwerts des betrachteten Parameters. Sie errechnet sich nach den Beziehungen (s. a. FISZ 1962)

$$ {}_uS_{\bar{x}}^2 = \frac{S^2}{n} \tag{18}$$

$$ S^2 = \frac{1}{n-1} \sum_{i=1}^{k} \sum_{j=1}^{n_i} (x_{ij} - \bar{x})^2 \tag{19}$$

für eine unbeschränkte, unabhängige Stichprobenerhebung und

$$ {}_gS_{\bar{x}}^2 = \frac{1}{H^2} \sum_{i=1}^{k} \frac{H_i^2 \, S_i^2}{n_i} \tag{20}$$

für eine geschichtete, unabhängige Erhebung, wobei

k — die Zahl der Schichten,
x_{ij} — die Einzelwerte,
$\bar{x}$ — den Gesamtmittelwert,
S_i^2 — die Streuung in der i-ten Schicht,
H_i — die Mächtigkeit der i-ten Schicht,
H — die Gesamtmächtigkeit,
n_i — den Stichprobenumfang in der i-ten Schicht,
n — den Gesamtstichprobenumfang

bedeuten.

Die Probenahme ist wirksamer bei geschichteter Erhebung, wenn die Beziehung

$$ {}_gS_{\bar{x}}^2 < {}_uS_{\bar{x}}^2 \tag{21}$$

gilt. In Tab. 2 sind die Ergebnisse der Wirksamkeitsprüfung zusammengestellt. Sie weisen nur für die Permeabilität eine geschichtete Erhebung als wirksamer aus. Für diesen Parameter entspricht ein geschichtetes Buntsandsteinmodell den Gegebenheiten am besten, was auch nicht anders zu erwarten war. Für die Porosität sind beide Erhebungsschemata gleich stark wirksam. Diese Schlußfolgerung sollte in Verbindung mit den vorangegangenen Ausführungen die Grundlage für eine vernünftige Bemusterungskonzeption bilden.

Tab. 4. Streuungen für Porosität und Permeabilität im Mittleren Buntsandstein bei unbeschränkter und geschichteter Erhebung

Parameter	${}_uS_{\bar{x}}^2$	${}_gS_{\bar{x}}^2$
Permeabilität	$2{,}95 \cdot 10^{-3}$	$2{,}83 \cdot 10^{-3}$
Porosität	$3{,}37 \cdot 10^{-2}$	$3{,}33 \cdot 10^{-2}$

Zusammenfassung

Es wurde am Beispiel der Bemusterung einer Bohrung im Buntsandstein Thüringens gezeigt, welche Mittel zur Verfügung stehen, um begründete Aussagen über Stichprobenumfang, Probenahmeabstand und günstiges Probenahmeschema zu treffen. Dabei wurde nicht versäumt, die Fehlerschranken der Ergebnisse anzugeben und auf die Anwendbarkeitsgrenzen der Verfahren hinzuweisen. Die behandelten Methoden und vorgelegten generellen Ergebnisse sind allgemeingültig. Die vorgeschlagene Verfahrensweise soll Anregung zu einer Bemusterungskonzeption für Speicherhorizonte sein.

Резюме

На примере опробования скважины в отложениях Тюрингенского пестрого песчаника показывается, какие средства имеются, чтобы дать обоснованные высказывания о количестве выборок, расстоянии проб друг от друга и самой благоприятной схеме пробоотбора. При этом мы тоже приводили пределы погрешности результатов и указывали на границы применимости способов. Рассмотренные методы и предлагаемые общие результаты являются общепринятыми. Предложенный вид способа должен дать поощрение к концепции опробования коллекторских горизонтов.

Summary

The example of a bore-hole sampling in the Buntsandstein of Thuringia shows the means available for making founded statements on the extent of random tests, sampling distance and most favourable scheme of sampling. It was not forgotten to mention the limits of error of results and to emphasize the limits of application of the method. The methods discussed and the general results presented have a universal validity. The procedure suggested is designed to stimulate a sampling conception for reservoir horizons.

Literatur

BANDEMER, H.: Die für eine vorgegebene Genauigkeit notwendige Bohrlochanzahl bei quantitativer Auswertung der Ergebnisse. — Z. angew. Geol., 11, 3, 122—127, Berlin 1965.
DUPUY, M., & J. POTTIER: Application de méthodes statistiques à l'étude détailleé des réservoirs. — Rev. l'Inst. Franç. Pétrole, 18, Hors Serie, 258—283, Paris 1963.
FISZ, M.: Wahrscheinlichkeitsrechnung und mathematische Statistik. — 2. Aufl., Berlin 1963.
LANGBEIN, R.: Zur Petrologie des Thüringer Buntsandsteins. — Unveröff. Habilitationsschr., Hochsch. Architektur u. Bauwesen, Weimar 1967.
MUSKAT, M.: Physical principles of oil production. — McGraw Hill Book Comp., Inc., New York 1959.
SEIDEL, G.: Zur geologischen Entwicklungsgeschichte des Thüringer Beckens. — Geologie, 14, 1—115, Berlin 1965.
SMIRNOW, N. W., & I. W. DUNIN-BARKOWSKIJ: Mathematische Statistik in der Technik. — Berlin 1963.
STORM, B.: Wahrscheinlichkeitsrechnung, mathematische Statistik und statistische Qualitätskontrolle. — 2. Aufl., Leipzig 1967.
SWESCHNIKOW, A. A.: Untersuchungsmethoden der Theorie der Zufallsfunktionen mit praktischen Anwendungen. — Leipzig 1965.

Anwendung und Bedeutung der Isotopengeochemie[1)]

HANS-JÜRGEN RÖSLER und JOACHIM PILOT, Freiberg (Sa.)

1. Möglichkeit und Aufgabe der Isotopengeochemie

Die bei der Erforschung der Radioaktivität gemachte Entdeckung, daß sich Elemente noch in Isotope aufgliedern, die zwar chemisch untereinander praktisch gleich sind, sich aber in ihrer Kernmasse unterscheiden, ist von THOMSON und ASTON (1919) für den größten Teil der Elemente bestätigt worden. Damit erhielt man zunächst eine bzw. mehrere zusätzliche Meßgrößen: die Isotopenhäufigkeiten.

In den Jahren 1925 bis 1927 fanden BRISCOE und ROBINSON, daß die Isotopenhäufigkeiten nicht für alle Elemente konstant sind, sondern daß einige Elemente in der Natur Variationen in Abhängigkeit von der Art und Herkunft der Probe zeigen. Damit war der Ausgangspunkt für die Isotopengeochemie gefunden. Wären nämlich die Isotopenhäufigkeiten (räumlich) konstant und damit von geologischen Bedingungen und Verhältnissen unbeeinflußt, so könnten sie vielleicht Informationen über die Entstehung der Elemente, nicht aber über geologische Vorgänge übermitteln.

Eingang des Manuskripts in der Redaktion: 15. 5. 1969.

[1)] Vortrag, gehalten anläßlich des Berg- und Hüttenmännischen Tages 1968 in Freiberg. Mitteilung Nr. 45 der Sektion Geowissenschaften an der Bergakademie Freiberg.

Die Variabilität von Isotopenhäufigkeiten einer Reihe von Elementen begründet die Möglichkeit, daß sich bestimmte geochemisch-geologische Prozesse in den Isotopenhäufigkeiten widerspiegeln. Es gilt, die in Form der Isotopenhäufigkeiten fixierten Spuren zu entziffern und auf den betreffenden geologisch-geochemischen Vorgang zurückzuführen.

Die Aufgabe der Isotopengeochemie kann nun dahingehend umrissen werden, daß sie die Isotopenhäufigkeiten von geologischen Objekten feststellen und ein charakteristisches Verhalten der Isotopenhäufigkeiten zu ermitteln und zu interpretieren sucht.

Oft ist bereits schon die zahlenmäßige Bestimmung der Isotopenhäufigkeiten von Wert. So interessiert bei einem einzelnen Element der in der Natur vorkommende Gesamtstreubereich der Isotopenhäufigkeiten, ebenso seine Unterteilung bezüglich verschiedener geologischer Bereiche. Zur vollen Sicherheit in der Aussage und zu einer größeren Ausschöpfung der in der Isotopengeochemie steckenden Möglichkeiten kommt man aber erst, wenn die gefundenen Isotopenhäufigkeiten ihre hinreichende Erklärung gefunden haben. Dabei spielen insbesondere die Faktoren, die die Isotopenhäufigkeiten verändern, eine wesentliche Rolle.

2. Die Isotopenhäufigkeiten und ihre Beeinflussung

Allgemeines

Die Grundgröße der Isotopengeochemie ist die Isotopenhäufigkeit. Sie kann in verschiedener Gestalt auftreten und wird entsprechend ausgedrückt

1. in Mole eines Isotops pro Gramm Substanz (z. B. Mole ^{40}K oder ^{40}Ar in 1 g Glimmer),

2. im prozentualen Anteil eines Isotops, wobei die Summe aller Isotope I_i eines Elements 100% sind,

$$\Sigma I_i \,\% = 100\%$$

(z. B. ^{36}Ar = 0,337%, ^{38}Ar = 0,063%, ^{40}Ar = 99,600%)

3. im Isotopenhäufigkeitsverhältnis R

$$\text{z. B.} \quad \frac{^{34}\text{S}}{^{32}\text{S}} = R < 1, \quad \text{bzw.}\; R' = \frac{1}{R}$$

4. in der relativen Differenz des Isotopenhäufigkeitsverhältnisses R gegenüber einem Standard:

$$\delta(R) = \frac{R_{Pr} - R_{St}}{R_{St}} \cdot 1000‰$$

Bei kleinen Variationen wird gewöhnlich der δ-Wert (in ‰) angegeben. Bei ihm muß jeweils gesagt werden, auf welchen Standard er sich bezieht.

Eine Veränderung von Isotopenhäufigkeiten kann primär durch zwei Arten von Vorgängen geschehen: durch Kernprozesse und durch Isotopieeffekte.

Beeinflussung durch Kernprozesse

Von den Kernprozessen interessieren hier diejenigen, bei denen ein anderes Isotop desselben oder eines anderen Elements entsteht. Dazu gehören der radioaktive Zerfall (mit α- und β-Emission), aber auch die Prozesse, die durch Beschuß eines Atomkerns mit Neutronen oder anderen Teilchen hervorgerufen werden, wie es bei der Höhenstrahlung der Fall ist (z. B. Bildung von ^{14}C und ^{3}T).

Die Isotope werden in stabile und radioaktive eingeteilt, wobei die stabilen Isotope noch in radiogene und nichtradiogene unterteilt werden:

Isotope
/ \
stabile Isotope — radioaktive Isotope
/ \
nichtradiogen — radiogen
(^{16}O, ^{32}S) — (^{40}Ar, ^{87}Sr, ^{206}Pb)

Eine Besonderheit der Kernprozesse besteht darin, daß sie vom makroskopischen Geschehen und damit von Parametern wie Druck und Temperatur praktisch unabhängig sind. Das Gesetz des radioaktiven Zerfalls stellt einen Zusammenhang zwischen Isotopenhäufigkeiten und dem Parameter Zeit dar. Dies begründet die Möglichkeit, durch die Messung von Isotopenhäufigkeiten das Alter erdgeschichtlicher Ereignisse zu bestimmen. Es lassen sich etwa drei Arten von Altersbestimmungen unterscheiden (Abb. 1):

1. Ansammlung eines Tochterprodukts, z. B. bei folgenden Methoden:

   K—Ar, Rb—Sr, ^{238}U—^{206}Pb, ^{235}U—^{207}Pb, ^{232}Th—^{208}Pb und ^{206}Pb—^{207}Pb (Fall b).

2. Abnahme des Mutterisotops durch radioaktiven Zerfall, z. B. bei der ^{14}C- und evtl. der ^{3}T-Methode (Fall c).

3. Modellalter: Methode des gewöhnlichen Bleis (Fall a).

Es sei noch darauf hingewiesen, daß diese Methoden jeweils an eine Reihe von Voraussetzungen (substantiell abgeschlossenes System, Abtrennung des Tochterprodukts zum datierenden Zeitpunkt u. a.) geknüpft sind. Andererseits hinterlassen die radioaktiven Kerne in Abhängigkeit von ihrer Konzentration und der Zeit in ihrem „Muttergestein" in Form der radiogen gebildeten Isotope eine bestimmte Spur, ein Relikt. Wechselt ein Element, z. B. Pb, von der einen Umgebung in eine andere Umgebung mit einer anderen Konzentration von U bzw. Th über, so äußert sich das in entsprechendem Maße im ^{206}Pb : ^{204}Pb-Verhältnis.

Beeinflussung durch Isotopieeffekte

Isotopieeffekte treten bei physikalischen Prozessen wie Diffusion und Thermodiffusion, bei physikochemischen Prozessen wie Verdampfung und Kondensation sowie chemischen Prozessen wie Isotopenaustauschvorgängen und Reaktionen auf.

Die Isotopieeffekte bedeuten, daß durch einen der genannten Prozesse das eine Isotop gegenüber einem anderen bevorzugt wird. Z. B. wird bei der Reduktion von Sulfat und Sulfid das leichtere Schwefelisotop ^{32}S gegenüber dem schwereren Isotop ^{34}S bevorzugt, so daß das gebildete Sulfid gegenüber dem Ausgangssulfat an ^{32}S angereichert ist, d. h. aus isotopisch leichterem Schwefel besteht.

Das Ausmaß einer solchen Fraktionierung wird durch den Fraktionierungsfaktor

$$\alpha = \frac{R_a}{R_b}$$

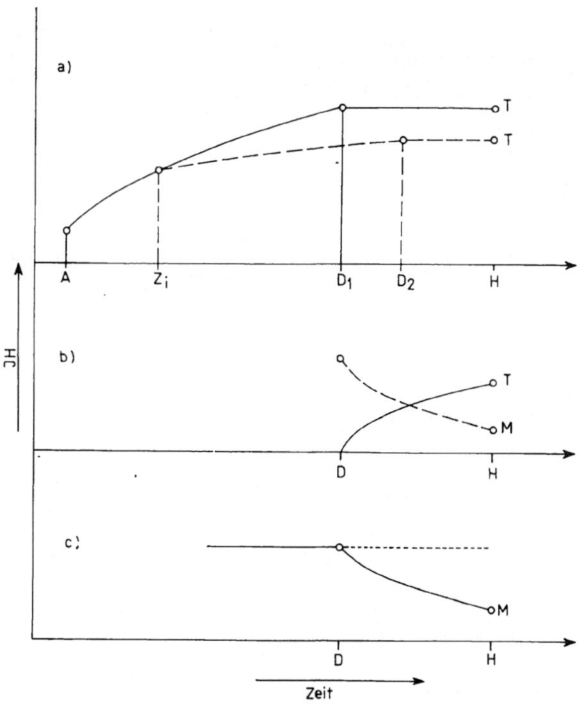

Abb. 1. Drei Arten von radioaktiven Altersbestimmungsmethoden (siehe auch J. PILOT 1969):

a) Modellalter; die Probe enthält weitestgehend das Element des Zerfallprodukts (kein Mutterelement).
b) Ansammlung des Tochterprodukts; die Probe enthält weitestgehend das Element des Mutterisotops (Tochterprodukt in situ gebildet).
c) Abnahme des Mutterisotops durch radioaktiven Zerfall; für die Probe ist das Element des Mutterisotops wesentlich.

gekennzeichnet, wobei sich die Indexe a und b auf den Ausgang und das Ergebnis des Prozesses, in anderen Fällen auf verschiedene Stoffe beziehen.

Man kann allgemein sagen, daß die Isotopieeffekte abhängen

1. von der relativen Massendifferenz der beteiligten Isotope (a und b):

$$\frac{m_b - m_a}{m_a \cdot m_b}$$

2. von der Bindungsstärke, sofern es sich um gebundene Teilchen handelt.

Die Abhängigkeit von der relativen Massendifferenz bedeutet, daß die Isotopieeffekte bei den leichtesten Elementen (z. B. H) am größten und bei den schwersten Elementen am kleinsten sind. Veränderungen der Isotopenhäufigkeiten, z. B. beim Blei, gehen meßbar nur auf radioaktive Prozesse zurück.

Schließlich hängen die Isotopieeffekte auch von der Temperatur ab; sie verschwinden bei genügend hohen Temperaturen.

Eine besondere Rolle spielt die Temperaturabhängigkeit bei Isotopenaustauschgleichgewichten, wie es sich zwischen zwei verschiedenen Stoffen mit demselben Element einstellen kann, also z. B. für das System H_2–H_2O-Dampf oder gelöstem Karbonat und Wasser. Der Fraktionierungsfaktor bzw. die entsprechende Gleichgewichtskonstante ist dabei eine Funktion der Temperatur, d. h., zwei Isotopenhäufigkeiten hängen mit dem Parameter Temperatur zusammen. Dies gestattet unter bestimmten Voraussetzungen die Ermittlung von Bildungstemperaturen.

Schließlich muß noch auf biologische Isotopieeffekte wie die Photosynthese und die Tätigkeit von (besonders anaeroben) Bakterien hingewiesen werden.

3. Methodik

Die Messung der Isotopenhäufigkeiten geschieht hauptsächlich mit einem Massenspektrometer. In manchen Fällen werden auch optische Methoden, Bestimmungen der Dichte, des Brechungsindexes, der Wärmeleitfähigkeit von Gasen und anderes herangezogen: Alle diese Verfahren erreichen aber i. a. nicht die Qualität der massenspektrometrischen Isotopenanalyse.

Zu einer Isotopenanalyse gehört auch eine entsprechende Probenpräparation; diese muß so durchgeführt werden, daß z. B. durch eventuell auftretende Isotopieeffekte keine Verfälschung des Meßergebnisses eintritt.

International für jedes Element eingeführte Standards erlauben den Vergleich von Meßergebnissen verschiedener Laboratorien. Als Beispiel beträgt der Meßfehler für $\delta^{34}S$ oder $\delta^{18}O$ einige Zehntel Promille (0,X ‰).

Von Bedeutung sind auch die Modellversuche im Laboratorium zur genauen Erforschung der Isotopieeffekte. Dazu gehören z. B. die Bestimmung von Gleichgewichtskonstanten für die in der Natur vorkommenden Temperaturen, etwa bei verschiedenen sauerstoffhaltigen Mineralen und beim Wasser. Aber auch das komplexe Zusammenwirken mehrerer Isotopieeffekte, insbesondere von biologischen Systemen, muß im Labor mehr oder weniger unter den in der Natur vorhandenen Bedingungen erforscht werden.

4. Beispiele

Wegen ihrer besonderen Eigenheiten hat eine Reihe von Elementen eine besondere Isotopengeochemie. So spricht man von der Isotopengeochemie des Schwefels, des Kohlenstoffs, des Sauerstoffs, des Bleis usw. Es ist selbstverständlich nicht möglich, die einzelnen Elemente in diesem Rahmen zu besprechen. Es sollen jedoch einige Anwendungsbeispiele erläutert werden, bei denen notwendigerweise die Isotopengeochemie verschiedener Elemente mit zur Sprache kommt. Diese Beispiele sollen eine, wenn auch knappe, Vorstellung von der Bedeutung und den Anwendungen der Isotopengeochemie geben.

Magma und Gestein

Wesentliche Beiträge liefert die Isotopengeochemie zu diesem Komplex u. a. durch die Datierung zeitlicher Ereignisse, durch Aussagen über die Herkunft des gesteinsbildenden Magmas und durch Aufklärung der Bildungsbedingungen für ein Gestein.

Zeitliche Ereignisse

Die Methoden der physikalischen (oder radiologischen) Altersbestimmung haben u. a. zwei wesentliche Vorteile:

1. Sie gestatten nicht nur eine relative Altersaussage, indem sie ein geologisches Ereignis als das ältere gegenüber einem anderen ausweisen, sondern sie geben im Prinzip an, vor wieviel Jahren ein bestimmtes Ereignis stattgefunden hat. Dadurch ist die Aufstellung der phanerozoischen Zeitskala möglich, d. h., es kann in Jahren angegeben werden, in welchen Zeitraum eine Formation, wie z. B. das Karbon, und seine Leitfossilien fallen.

Bei vielen Magmatiten ist auch im Phanerozoikum kein Bezug zur Stratigraphie oder zu Fossilien vorhanden. Dann ist eine Altersdatierung nur mit physikalischen Methoden möglich.

2. Für fast das gesamte Präkambrium, d. h. für über 80% der Erdgeschichte, ist eine relative Alterungseinstufung meist nicht mehr möglich, es können nur die Methoden der physikalischen Datierung Aufschluß über das Alter derartiger Ereignisse geben.

Es besteht nun die Möglichkeit, dasselbe geologische Ereignis mit mehreren Altersbestimmungsmethoden zu datieren; z. B. durch die K–Ar-, Rb–Sr-, ^{238}U–^{206}Pb-, ^{235}Th–^{207}Pb-, ^{232}Th–^{208}Pb- und die Pb–Pb-Methode. In manchen Fällen erhält man die gleichen Alterszahlen — konkordante Alter genannt. Die einzelnen Methoden bestätigen sich gegenseitig, die Bildungszeit des betreffenden Gesteins ist (mit dem angegebenen Fehlerbereich) sicher erfaßt (Beispiel: Viking Lake, Saskatchewan, Tab.). In vielen Fällen treten jedoch unterschiedliche Werte auf. So kann man z. B. nach der K–Ar- und Rb–Sr-Methode ein jüngeres Alter als mit den U–Th–Pb-Methoden (letzteres an Zirkonen) erhalten (z. B. Baltimore Gneiss, Maryland, Tab.). Hier werden von den Methoden verschiedene Ereignisse erfaßt: die (evtl.) primäre Bildung des Gesteins und eine nachfolgende metamorphe Beanspruchung, welche das bis dahin angesammelte Argon freigab. Zwei solcher Ereignisse können auch mit der Rb–Sr-Methode allein datiert werden, wenn verschiedene kogenetische Gesamtgesteine und verschiedene Rb-haltige Minerale untersucht werden. Es zeigt sich damit, daß die einzelnen Datierungsmethoden ein verschieden definiertes Alter erfassen. Dies bedeutet durchaus nicht nur eine Schwierigkeit, sondern vor allem eine Bereicherung in der Interpretation. Weiterhin muß damit gerechnet werden, daß das Probenmaterial seit seiner Bildung nicht ein substantiell abgeschlossenes System geblieben ist, sondern daß z. B. das Tochterisotop abdiffundiert. Eine wichtige Aufgabe ist es, jeweils geeignetes Gestein bzw. geeignete Minerale als Probenmaterial zu gewinnen. Einen guten Vergleich zwischen den verschiedenen Methoden gibt Abb. 2. In der Nähe von Eldora in Colorado ist vor 55 · 10^6 a der ziegelsteinförmige Bryan-Mountain-Stock in die Idaho-Springs-Formation intrudiert, die vor 1400 · 10^6 a von einer starken Regionalmetamorphose erfaßt worden ist. Während die obere Kurve in der Abbildung die maximale Temperatur in Abhängigkeit vom Abstand zum Kontakt darstellt, ist unten das Alter nach verschiedenen Methoden und unter Verwendung verschiedener Minerale ebenfalls im Abstand vom Kontakt aufgetragen. Am stärksten beeinflußt wird das K–Ar-Alter von Feldspäten, am wenigsten das Pb–Pb-Alter an Zirkonen. Bemerkenswert ist weiterhin die geringe Beeinflussung des K–Ar-Alters von Hornblenden, die noch bis knapp 10 m vom Kontakt entfernt annähernd das ursprüngliche Alter behalten haben (S. R. HART 1964).

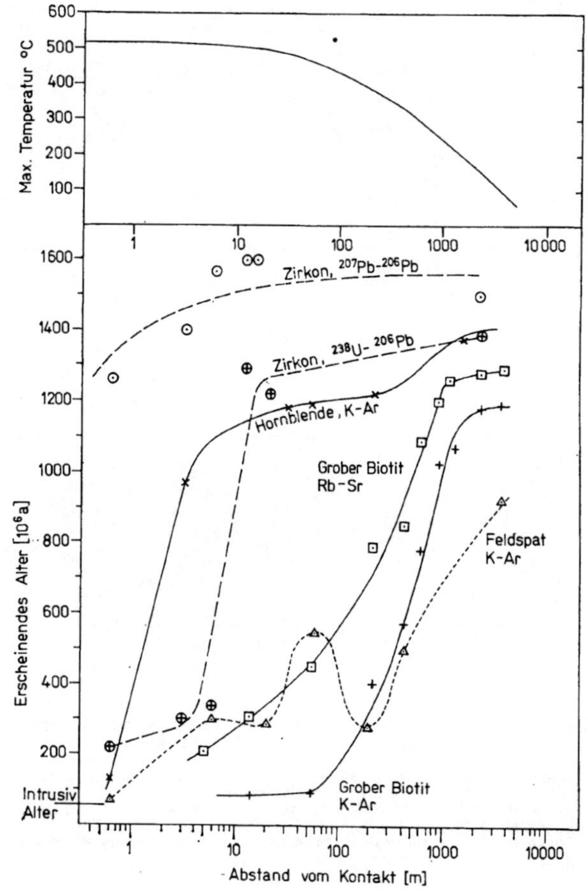

Abb. 2. Beeinflussung verschiedener radioaktiver Alter eines Nebengesteins von einer Intrusion

Oben: durch die Intrusion verursachte maximale Temperatur in Abhängigkeit vom Abstand zum Kontakt (nach HART 1964)

Herkunft des gesteinsbildenden Magmas

Hinweise über die Herkunft des gesteinsbildenden Magmas können Schwefel-Isotopen-Untersuchungen geben. Führen diese in manchen Fällen zum Ziel, so sind sie in anderen nicht eindeutig.

Das anfängliche (^{87}Sr/^{86}Sr)-Verhältnis gibt Auskunft darüber, ob sich ein saures Magma bzw. Gestein durch Differentiation aus basischem (Mantel-)Material gebil-

Tabelle: Beispiele nahezu konkordanter und diskordanter Altersdaten

Gestein	Mineral	Alter (10^6 a)						Autoren
		^{238}U/^{206}Pb	^{235}U/^{207}Pb	^{207}Pb/^{206}Pb	^{232}Th/^{208}Pb	^{87}Rb/^{87}Sr	^{40}K/^{40}Ar	
Viking Lake, Saskatchewan								
Pegmatit	Uranit	1850	1880	1910	1670			WASSERBURG & HAYDEN 1955
	Biotit					1970	1780	ALDRICH u. a. 1958
Baltimore Gneiss, Maryland								
Gneiss, Towsondome	Zirkon	1040	1070	1120	940			TILTON u. a. 1958
	Biotit					305	339	TILTON u. a. 1958
	Mikroklin						309	TILTON u. a. 1958

det hat oder ob es ein direktes Umbildungsprodukt tiefkrustaler sialischer Substanzen ist. Das heutige $^{87}Sr/^{86}Sr$-Verhältnis setzt sich zusammen aus dem anfänglichen und dem radiogenen $^{87}Sr/^{86}Sr$:

$$(^{87}Sr/^{86}Sr)_h = (^{87}Sr/^{86}Sr)_0 + (^{87}Sr/^{86}Sr)_{rad}$$

$$= (^{87}Sr/^{86}Sr)_0 + {}^{87}Rb/^{86}Sr\,(e^{\lambda t} - 1)$$

$$\sim (^{87}Sr/^{86}Sr)_0 + {}^{87}Rb/^{86}Sr \cdot \lambda t$$

Bei bekanntem $\frac{^{87}Rb}{^{86}Sr}$-Verhältnis und bekanntem Alter des betreffenden Gesteins kann das anfängliche $^{87}Sr/^{86}Sr$ aus dem heutigen $^{87}Sr/^{86}Sr$ berechnet werden. Es kann aber auch mit Hilfe der sogenannten Isochronenmethode bestimmt werden, die gleichzeitig das Alter zu ermitteln gestattet.

Abb. 3 zeigt die $^{87}Sr/^{86}Sr$-Verhältnisse von einigen Gesteinsarten. Die durch Krustengesteine wenig beeinflußten ozeanen Basalte haben die niedrigen Werte von 0,703 bis reichlich 0,705. Älteres Kristallin und Tonschiefer haben im Mittel wesentlich höhere Werte (0,720 bzw. 0,725).

Bildungsbedingungen für das Gestein

Unter den Bildungsbedingungen für ein Gestein ist die Temperatur von besonderer Bedeutung. Diese kann durch Sauerstoffisotopenanalysen an Mineralpaaren ermittelt werden, sofern entsprechende Kalibrierungskurven zwischen der Temperatur und dem Fraktionierungsfaktor des betreffenden Systems vorliegen. Vorausgesetzt werden muß ein sogenanntes Isotopenaustauschgleichgewicht für die untersuchten Mineralpaare. Ob dieses sich tatsächlich eingestellt hat, kann man nur dann überprüfen, wenn das $\delta^{18}O$ von mehr als 2 sauerstoffhaltigen Mineralen bestimmt wird.

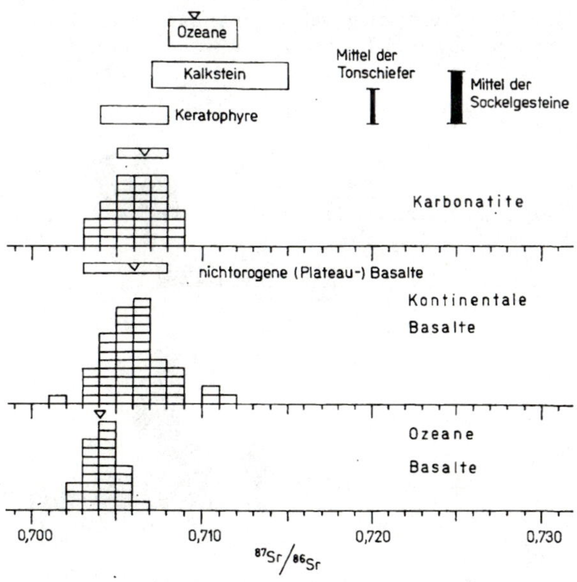

Abb. 3. Übersicht über die $^{87}Sr/^{86}Sr$-Verhältnisse verschiedener Vorkommen
(zusammengestellt nach Untersuchungen mehrerer Autoren, PILOT 1969)

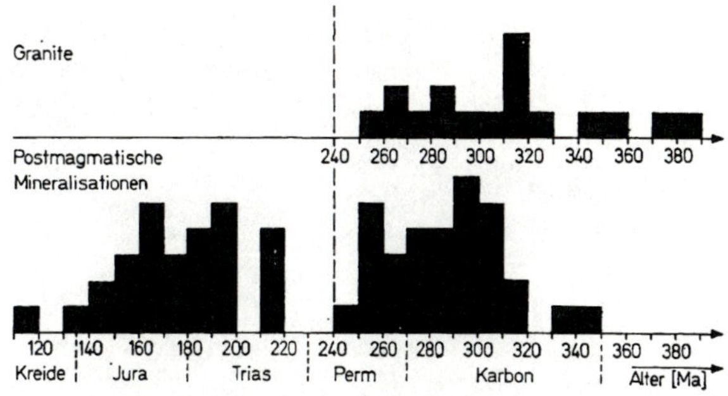

Abb. 4. Histogramm von K—Ar-Bestimmungen varistischer und postvaristischer hydrothermaler Lagerstätten Sachsens und Thüringens sowie einiger Granite
(RÖSLER & PILOT 1967a)

Magma und Mineralisation

Allgemeine Gesichtspunkte

Für die Erkundung von magmatogenen Lagerstätten ist es sehr wichtig, Kriterien für die genetische Beziehung zwischen dem Magma und den gesuchten Mineralisationen zu haben. Manche Granite z. B. sind mit Mineralisation verknüpft, andere nicht. Das obenerwähnte anfängliche $^{87}Sr:^{86}Sr$-Verhältnis verspricht nach P. M. HURLEY (1968), ein geeignetes Kriterium zu sein. Es liegen jedoch bezüglich dieser Problemstellung erst wenige Untersuchungen vor.

Ein weiterer Gesichtspunkt ergibt sich daraus, daß zwischen Mineralisation und zugehörigem Intrusivkörper eine beachtliche Entfernung liegen kann. So kann sich die Frage erheben, ob eine bestimmte Mineralisation genetisch an einen bestimmten Intrusionskörper gebunden sein kann oder nicht. Dies kann durch Altersbestimmungen an Mineralisation und Intrusion getestet werden. Untersuchungen unter diesem Aspekt sind in Sachsen und Thüringen (RÖSLER & PILOT 1967a; 1967b), im Robinson-Distrikt, Nevada, zwischen einem in paläozoische Kalksteine und Schiefer intrudierten Monzonitporphyr und disseminated copper ores (MCDOWELL & KULP 1967) sowie im Providencia- und Conception-del-oro-Blei-Zink-Erz-Distrikt in Mexiko zwischen frühtertiären Granodioritstöcken und hydrothermaler Mineralisation in Kalksteinen des oberen Juras und der Kreide (OHMOTO, HART & HOLLAND 1966) durchgeführt worden. Die übereinstimmenden Altersbestimmungen in den beiden letzten Fällen sprachen für eine genetische Beziehung.

Varistische und postvaristische magmatogene Lagerstätten als Beispiel hydrothermaler Mineralisationen

Eine große Zahl von isotopengeochemischen Untersuchungen befaßt sich mit hydrothermalen Lagerstätten. Besonders zahlreiche Untersuchungen liegen von den Schwefelisotopenhäufigkeiten vor, da Schwefel in vielen Mineralen wie Galenit, Sphalerit, Pyrit, Markasit, Baryt, Anhydrit usw. vorkommt. Das Interesse richtete sich jedoch auch auf die Untersuchung der Bleiisotope, und zwar vor allem wegen der Möglichkeit, Modellalter (Methode des gewöhnlichen Bleis) zu gewinnen. Erst in letzter Zeit sind auch Sauerstoff-

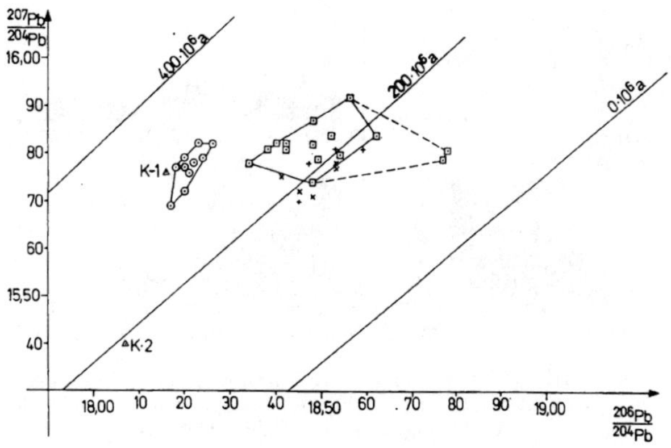

Abb. 5. Bleiisotopenbestimmungen an hydrothermalen Galeniten des Erzgebirges, insbes. Freibergs

(PILOT, LEGIERSKI & RÖSLER 1969)

und Kohlenstoffisotopenuntersuchungen vorgenommen worden.

Als Beispiel sei hier auf einige Untersuchungen an varistischen und postvaristischen hydrothermalen Mineralisationen hingewiesen. L. BAUMANN, der die Freiberger Lagerstätte mit ihren Randbezirken zuletzt bearbeitete (1958, 1965), unterschied zwei Mineralisationszyklen, einen älteren varistischen und einen jüngeren postvaristischen. Diese Zyklen haben entsprechende Analoga im erzgebirgisch-thüringischen Raum (und auch darüber hinaus).

Da hierbei die altersmäßige Einstufung von besonderem Interesse ist, haben bereits LEUTWEIN (1957) und WINOGRADOW (1959) Pechblenden datiert und drei Altersgruppen, welche der primären Pechblende und ihren Umlagerungen entsprechen, gefunden.

Abb. 4 zeigt das Histogramm von K–Ar-Datierungen von hydrothermal neugebildeten Seriziten und Kalifeldspäten (nach Untersuchungen von RÖSLER & PILOT 1967a). Zum Vergleich wurden einige Granite (Glimmer und Gesamtgestein) bestimmt. Die hydrothermalen Mineralisationen zerfallen deutlich in zwei Gruppen, die dem 1. und 2. Zyklus und deren Analoga entsprechen. Da die Granite in den Zeitbereich des 1. varistischen Zyklus fallen, können sie als Erzbringer für den 1. Zyklus angesehen werden. Zum 2. Zyklus gibt es keine zeitgleichen Granite, so daß zumindest kein unmittelbarer genetischer Zusammenhang zwischen Graniten und dem 2. Mineralisationszyklus existiert.

Abb. 5 zeigt Bleiisotopenbestimmungen an Galeniten von Freiberg und dem Erzgebirge in einem $^{206}Pb:^{204}Pb$–$^{207}Pb:^{204}Pb$-Diagramm (PILOT, LEGIERSKI & RÖSLER 1969). Deutlich heben sich der 1. und 2. Zyklus ab. Die entsprechenden Modellalter, berechnet nach einer von LEGIERSKI (1968) für hydrothermale Mineralisationen des Phanerozoikums angegebenen Formel, sind zwar gegenüber den K–Ar-Daten etwas verschoben, zeigen jedoch eine analoge Gruppierung (Abb. 6).

Auch die Schwefelisotopenzusammensetzung der Mineralisationen im erzgebirgisch-thüringischen Raum zeigt charakteristische Unterschiede (Abb. 7). Die $\delta^{34}S$-Werte des 1. Zyklus zeigen den kleinen Streubereich von wenigen ‰ und sind gegenüber dem (international gebräuchlichen) Troilit-Standard gar nicht oder nur wenig mit dem schwereren Isotop ^{34}S angereichert. Die Sulfide des 2. Zyklus hingegen zeigen den großen Streubereich von ca. 25‰ und sind stärker durch das leichtere Isotop ^{32}S angereichert. Letzteres weist auf eine stärkere Fraktionierung im endogenen Bereich hin, derartige Werte sind sonst nur bei sedimentären Sulfiden zu finden. Die Sulfate mit einem $\delta^{34}S$ nahe bei +10‰ weisen relativ konstante Werte auf. Die $\delta^{34}S$-Werte der Granite sind denjenigen des 1. Zyklus sehr ähnlich, was mit ihrem genetischen Zusammenhang in Einklang steht; man darf diesen Schluß allerdings nicht überschätzen, weil sehr viele Granite einen derartigen Wertbereich haben (RÖSLER, PILOT & GEBHARDT 1966). Zum Abschluß dieses Problemkreises noch ein Wort zu Sauerstoffisotopenuntersuchungen.

Quarz ist ein Mineral, das in beiden Zyklen vorkommt und dadurch einen Vergleich erlaubt. Abb. 8 zeigt für den 1. Zyklus (kb-, eb-Formation) und 2. Zyklus (fba-, eba-Formation) getrennte Bereiche für den $\delta^{18}O$-Wert (HARZER 1967). Man kann annehmen, daß der Quarz im Isotopenaustauschgleichgewicht mit dem Wasser der Hydrothermen ausgeschieden wurde. Im oberen Teil von Abb. 8 ist der Zusammenhang zwischen der Temperatur und den $\delta^{18}O$ des Quarzes für drei verschiedene Wässer angegeben. Wasser mit $\delta^{18}O = +8‰$ entspricht magmatischem Wasser, solches mit $\delta^{18}O = -7‰$ kommt dem Oberflächenwasser in unseren Gegenden bei heutigen Verhältnissen nahe, und Wasser mit $\delta^{18}O = 0$ entspricht dem Ozeanwasser. Die Quarze des 2. Zyklus ergeben nun für die Kurve des magmatischen Wassers den Temperaturbereich von 220 bis 300 °C, der mit von SCHEUMANN (1961) gefundenen Libellenschließtemperaturen gut übereinstimmt. Für den 1. Mineralisationszyklus erhält man „vernünftige" Temperaturen nur, wenn man eine stärkere Zumischung von Oberflächenwässern annimmt. Man erhält also hiermit Aussagen über die Natur der Hydrothermen. Sie können weiter ergänzt werden, wenn das Wasser in Flüssigkeitseinschlüssen selbst untersucht wird, was allerdings einigen methodischen Aufwand erfordert.

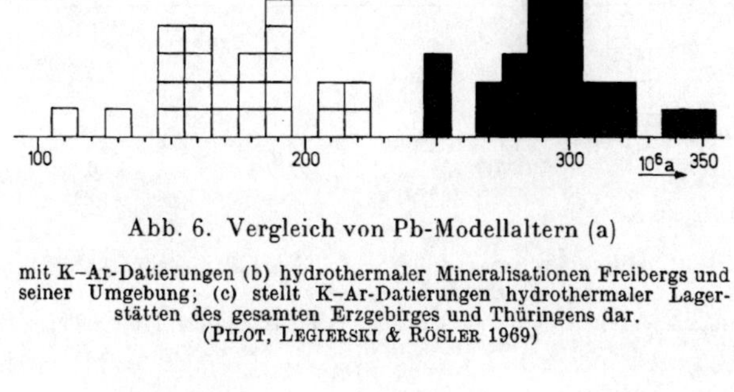

Abb. 6. Vergleich von Pb-Modellaltern (a)

mit K–Ar-Datierungen (b) hydrothermaler Mineralisationen Freibergs und seiner Umgebung; (c) stellt K–Ar-Datierungen hydrothermaler Lagerstätten des gesamten Erzgebirges und Thüringens dar. (PILOT, LEGIERSKI & RÖSLER 1969)

Zeitschrift für angewandte Geologie, Bd. 15 (1969), Heft 9

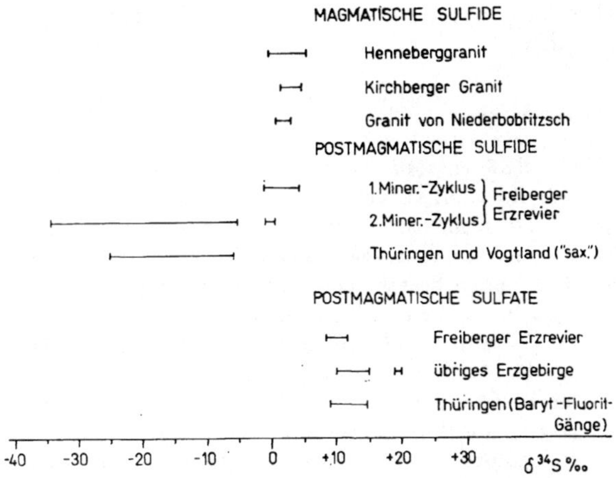

Abb. 7. δ^{34}-S-Werte (bezogen auf Troilit-Standard) magmatischer Sulfide, postmagmatischer Sulfide und Sulfate Sachsens und Thüringens

(RÖSLER, PILOT & GEBHARDT 1966)

Sedimente

Altersbestimmungen (Zeitskala)

Eine relative Alterseinstufung von Sedimenten ist sehr weit entwickelt. Es ist das Verdienst von HOLMES, die Bemühungen zur Aufstellung einer Zeitskala in Gang gebracht zu haben, wobei er selbst 1937 eine erste und 1959 eine verbesserte Zeitskala vorgeschlagen hat. Die Grenzen zwischen den einzelnen erdgeschichtlichen Formationen und — soweit dies überhaupt möglich ist — ihre Unterteilungen altersmäßig festzulegen, ist eine Aufgabe, die trotz großer Bemühungen auch heute noch nicht zufriedenstellend gelöst ist und an der eine spezielle internationale Kommission arbeitet.

Bei der Aufstellung der Zeitskala greift man gewöhnlich auf indirekte Bestimmungen zurück. Die direkte Altersbestimmung birgt erhebliche Unsicherheiten in sich: Ein Gehalt an Detritus bringt eine Erhöhung des Alters, Neubildungen von z. B. glimmerähnlichen Mineralen können erheblich jünger als die Sedimentation sein. Auch gegen die Verwendung von Glaukonit sind erhebliche Zweifel erhoben worden.

Faziescharakterisierung

Die Faziescharakterisierung ist eine wichtige Aufgabe der Sedimentanalyse. Zu dieser Charakterisierung gehört die Bildungstemperatur. Sauerstoffisotopenbestimmungen von fossilen Karbonaten schalentragender Meerestiere wie z. B. Belemniten geben die Möglichkeit, die damalige Temperatur auf etwa 1 °C genau zu bestimmen. Handelt es sich um Bildungen, die maximal wenige 10000 Jahre alt sind, so kann gleichzeitig nach der ^{14}C-Methode das Alter bestimmt werden. Damit kann z. B. die Veränderung der kontinentalen Küste verfolgt werden.

Schwefelisotopenanalysen an sedimentären Sulfiden und evtl. an sedimentären Sulfaten, Sauerstoff- und Kohlenstoffisotopenbestimmungen an Karbonaten können weitere Faziesbedingungen charakterisieren. Zum Beispiel haben die feinkörnigen Sulfide des Mansfelder Kupferschiefers sehr leichten Schwefel, der auf die Bildung durch anaerobe Bakterien hinweist.

Salinarsedimente

Als eine spezielle Faziesausbildung können die Salinarsedimente angesehen werden. Im Histogramm der δ^{34}S-Werte von Anhydriten und anderen Sulfaten des deutschen Zechsteins zeigt Abb. 9 sehr konstante Werte um $+11‰$, die darauf hinweisen, daß nach der Aus-

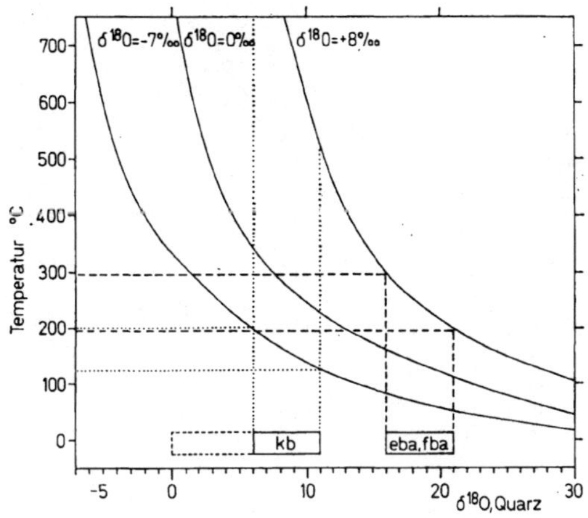

Abb. 8. δ^{18}O-Werte (bezogen auf SMOW) von Quarzen der Freiberger Lagerstätte

(HARZER 1967). Näheres siehe im Text.

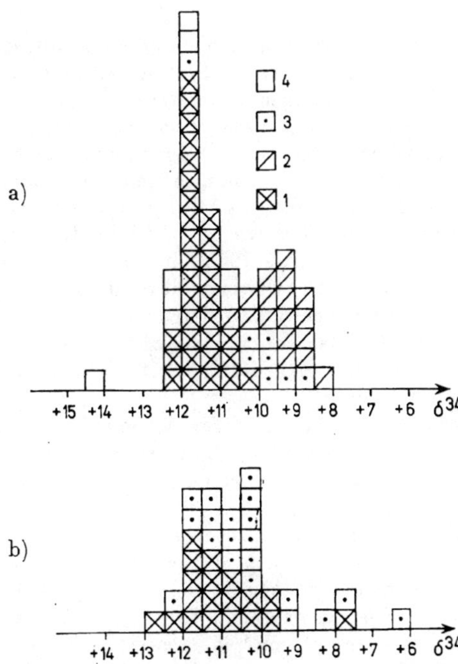

Abb. 9. Histogramm der δ^{34}S-Werte von Sulfaten des deutschen Zechsteins

a) nach NIELSEN & RICKE (1964);
b) nach RÖSLER, PILOT, HARZER, KRÜGER (1968)
1 — Sulfat aus dem Anhydrit (A1—A4); 2 — Proben aus Staßfurt; 3 — Sulfat aus dem Steinsalz (Na1—Na5), den Kaliflözen und Grenzanhydriten; 4 — ungegliederter Zechstein

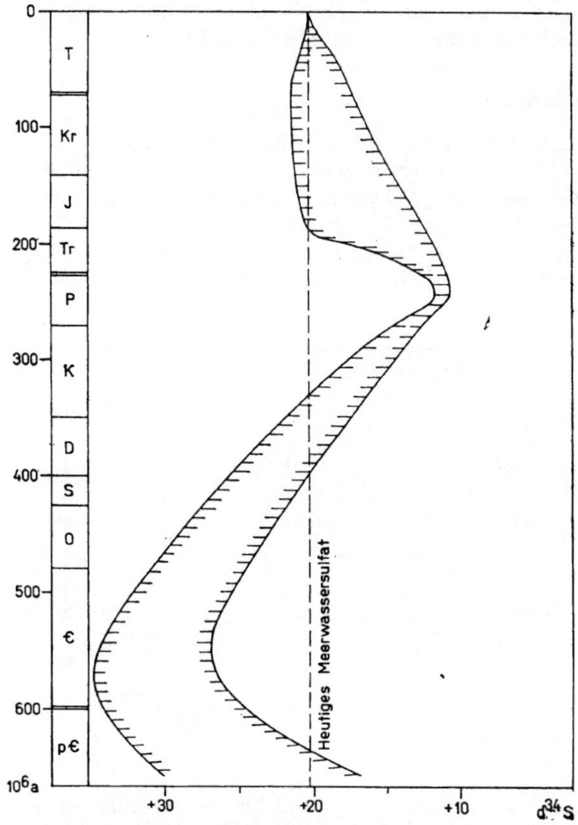

Abb. 10. Möglicher Verlauf des δ^{34}S von Ozeanwassersulfat für die Zeit vom Kambrium bis zur Gegenwart
(nach NIELSEN 1965)

fällung keine wesentliche Fraktionierung mehr auftrat; insbesondere ist keine wesentliche Fraktionierung durch bakterielle Sulfatreduktionen festzustellen. Man kann somit annehmen, daß von diesen Evaporitwerten das δ^{34}S des damaligen Meerwassers recht gut wiedergegeben wird. Solche Untersuchungen sind von Evaporiten verschiedenster erdgeschichtlicher Formationen vorgenommen worden. In Abb. 10 ist ein Kurvenbereich konstruiert (NIELSEN 1965), der den möglichen Verlauf des δ^{34}S vom Ozeanwassersulfat für die Zeit vom Kambrium bis zur Gegenwart wiedergibt.

Von den Karbonaten der Salinarsedimente wurden ebenfalls Sauerstoff- und Kohlenstoffisotopenuntersuchungen durchgeführt.

Ein besonderes Problem ist die Altersbestimmung von Salzgesteinen. Zwar ist die primäre Abscheidung aus dem Meerwasser im allgemeinen graphisch gut eingestuft, das Alter von Salzumbildungen und der Kalisalzbildung ist aber durchaus umstritten. Die bisher fast ausschließlich an Sylvinen vorgenommenen Datierungen ergaben trotz Korrekturen viel zu geringe Alter. Wir haben in letzter Zeit gefunden, daß sich das Mineral Langbeinit besonders gut und in zweiter Linie Polyhalit für K–Ar-Datierungen eignen. Abb. 11 zeigt K–Ar-Datierungen an verschiedenen Mineralen des deutschen Zechsteins. Auch die durch den Aufstieg von Basalten neugebildeten Langbeinite und Polyhalite zeigen mit den geologischen Vorstellungen in Einklang stehende Alter. Damit dürfte die K–Ar-Datierung von Salzmetamorphosen auf ein gesichertes Fundament gestellt sein.

Kohlenwasserstoffe

Viele Kohlenstoffisotopenuntersuchungen befassen sich mit der Genese von Erdöl. Für die Isotopengeochemie des Kohlenstoffs stellen wichtige Systeme das CO_2 der Luft und das Bikarbonat im Meerwasser dar; zwischen beiden besteht eine Fraktionierung von reichlich 5‰. Dieser Unterschied bildet sich in den Meeres- und Landpflanzen und schließlich im Erdöl ab. Die Verteilung der Kohlenstoffisotope spricht stark für eine biogene Herkunft des Erdöls. Viele Einzeluntersuchungen geben nähere Hinweise über die Erdölgenese, etwa über die Bildung aus der Lipoidfraktion von Pflanzenzellen (die den leichtesten Kohlenstoff in der pflanzlichen Substanz enthalten) und etwa zu dem Reifungsprozeß über ein Protopetroleum (SILVERMAN 1964; MÜLLER 1967; siehe die schematische Übersicht von Abb. 12).

Auch Isotopenuntersuchungen des im Erdöl vorhandenen Schwefels können wertvolle Hinweise über die Herkunft eines Erdölvorkommens vermitteln. Nach THODE (1963) ist dieser Schwefel am Ort der Erdölentstehung beim „Reifungs"prozeß eingebaut worden. Der Schwefel selbst entstammt dem Sulfat der Umgebung, das bakteriell zu H_2S reduziert wurde und dabei im Mittel um ca. 15‰ bis 20‰ an dem leichteren Isotop ^{32}S angereichert wurde. Der Erdölschwefel ist ebenfalls um ca. 15 bis 20‰ an ^{32}S gegenüber dem Sulfatschwefel der Umgebung angereichert. MÜLLER (1967) konnte durch isotopengeochemische Untersuchungen zeigen, daß die in der DDR gefundenen Erdöle dem Zechstein entstammen.

Wasser

Eine Fülle von Untersuchungen befaßt sich mit der Sauerstoff- und Wasserstoffisotopenzusammensetzung verschiedenster Wässer. Es sei hier nur auf eine Anwendung hingewiesen.

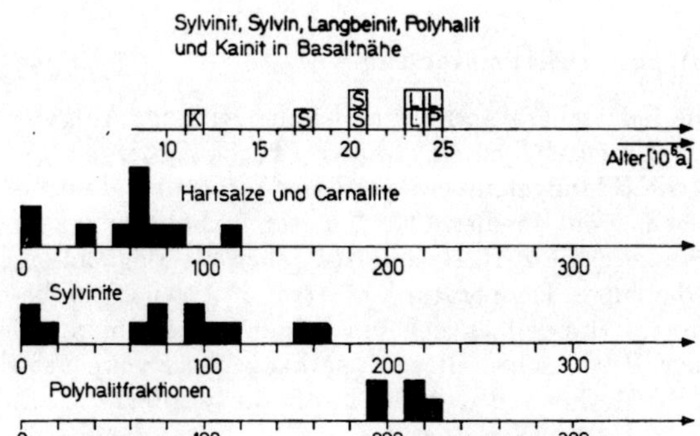

Abb. 11. K–Ar-Datierungen an verschiedenen Mineralen und Gesamtgesteinen des deutschen Zechsteins

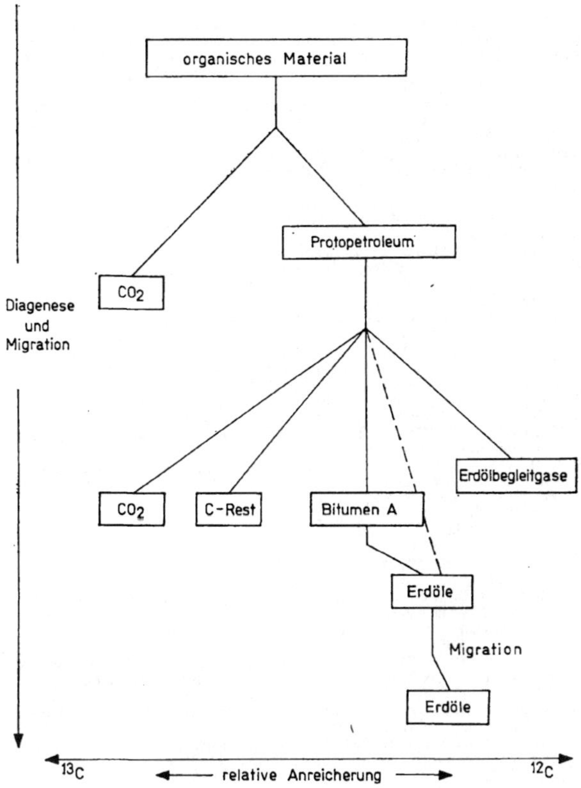

Abb. 12. δ^{13}C-Veränderungen bei Erdölbildungsprozessen (E. P. Müller 1967)

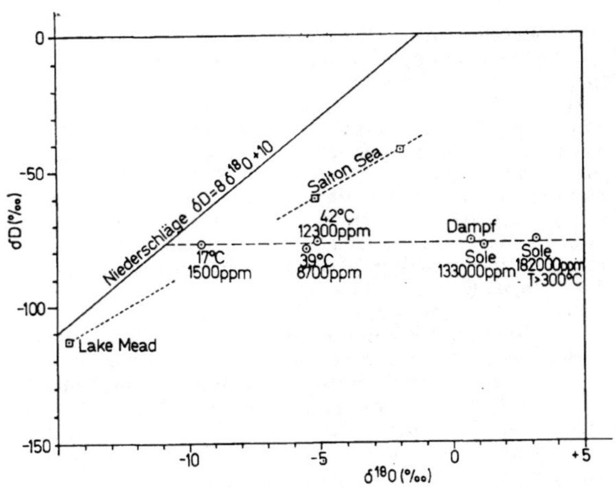

Abb. 13. $\delta D - \delta^{18}O$-Diagramm für thermale Solen und Oberflächenwässer in der Gegend des Salton Sea, USA (Craig 1966)

Für meteorische Wässer, die keiner abnormen Verdampfung ausgesetzt waren, besteht die Beziehung

$$\delta D = 8\,\delta^{18}O + 10$$

wobei alle δ-Werte in ‰ angegeben werden. Diese Beziehung kann dazu ausgenutzt werden, um meteorisches Wasser zu identifizieren.

Dies wurde bei einer Untersuchung der thermalen Sole in der Gegend des Salton Sea, USA, angewendet (Craig 1966). Abb. 13 zeigt die Linie für Niederschlagswasser der Neigung 8. Der Lake Mead speist den Salton Sea über Drainagegräben, das verdunstende Wasser hat eine wesentlich geringere Neigung. Das Wasser der Sole dagegen hängt nicht mit diesen Seen zusammen, sondern wird von Niederschlagswässern gespeist. Die H-Isotopen-Zusammensetzung bleibt in der Sole konstant, jedoch wird durch Isotopenaustausch mit dem Karbonatgestein die Sauerstoffisotopenzusammensetzung der Sole verändert.

5. Schlußbemerkungen

Die Beispiele mögen gezeigt haben, daß die Isotopengeochemie einen recht großen Anwendungsbereich hat. Es ließe sich zeigen, daß außer den hier erwähnten Sphären der Erde auch Aussagen über die gesamte Erde und darüber hinaus gewonnen werden können.

Man sollte aber auch die Grenzen der Isotopengeochemie sehen, um nicht unsachgemäße Forderungen an dieses Gebiet zu stellen. Zu diesen Grenzen gehört, daß nicht alle Elemente für isotopengeochemische Untersuchungen geeignet sind. Isotopieeffekte in nennenswertem Umfang weisen die leichteren Elemente wie Wasserstoff bis etwa Schwefel auf. Die Anzahl der radioaktiven und radiogenen Isotope der Natur ist begrenzt. Andererseits muß z. B. bei Altersbestimmungen, Temperaturbestimmungen und Modellannahmen in jedem konkreten Fall geprüft werden, ob die notwendigen Voraussetzungen in der Natur erfüllt sind. Zu beachten ist auch, daß fundierte Aussagen eine hinreichende Probenanzahl voraussetzen.

Die Isotopengeochemie ist ein relativ junger Zweig der Geowissenschaften, sie stellt eine Synthese von mehreren Wissenschaften dar. Die Bearbeitung der ihr spezifischen Probleme ist für eine breite Anwendung besonders wichtig.

Zusammenfassung

Es wird von der Isotopenhäufigkeit als Grundgröße der Isotopengeochemie ausgegangen. Die Isotopenhäufigkeiten sind auf der Erde bei einer Reihe von Elementen nicht konstant, sie werden auf Grund von Kernprozessen und Isotopieeffekten, die in geologische Prozesse eingebettet sind, unter gegebenen Bedingungen verändert. Aufgabe der Isotopengeochemie ist es, die Isotopenhäufigkeiten geologischer Objekte und deren Charakteristika zu ermitteln und zu interpretieren. Wichtige Anwendungsmöglichkeiten ergeben sich, wenn zwischen Isotopenhäufigkeiten und den Parametern Zeit und Temperatur Zusammenhänge bestehen (radioaktive Altersbestimmungen und Bestimmungen höherer und niedrigerer Bildungstemperaturen).

Eine Reihe von Beispielen zeigt, daß isotopengeochemische Untersuchungen an praktisch allen Bereichen der Erde vorgenommen werden können. Obwohl die Isotopengeochemie bereits auf beachtliche Erfolge zurückblicken kann, steht sie erst am Anfang ihrer Entwicklung.

Резюме

Авторы исходят из частоты изотопов в качестве основной величины геохимии изотопов. В ряде элементов частоты изотопов на Земле не постоянные, они изменяются в данных условиях на основе ядерных процессов и эффектов изотопии, встречающихся при геологических процессах. Задача геохимии изотопов заключается в определении и интерпретации частот изотопов геологических объектов, а также их характеристик. Важные возможности применения получаются в таком случае, когда существуют связи частот изотопов с параметрами время и температура (определение абсолютного возраста радиоактивными методами и определения повышенных и пониженных температур образования).

Ряд примеров показывает, что изотопно-геохимические исследования могут быть проведены практически на всех участках Земли. Хотя геохимия изотопов уже может отмечать заметные достижения, она только находится в начале своего развития.

Summary

The authors proceed from the frequency of isotopes as a basic value of isotope geochemistry. Frequencies of isotopes are not constant for a number of elements on earth, but are changed under given conditions by nuclear processes and isotopic effects embedded in geological processes. It is the task of isotope geochemistry to determine and interpret the frequencies of isotopes of geological objects and of their characteristics. There are important possibilities of application if the frequencies of isotopes are related to the parameters time and temperature (radioactive age determinations and determinations of higher and lower temperatures of formation).

From a number of examples results that isotope geochemical studies can be made in practically all regions of the earth. Although isotope geochemistry can already look back to remarkable results, it is only at the beginning of its development.

Literatur

ALDRICH, L. T., G. W. WETHERILL, G. L. DAVIS & G. R. TILTON: Radioactive ages of micas from granitic rocks by Rb–Sr- and K–Ar-methods. – Trans. Am. Geophys. Union, **39**, 1124–1134 (1958).

BAUMANN, L.: Tektonik und Genesis der Erzlagerstätte von Freiberg (Zentralteil). – Freiberger Forsch.-H., C 46 (1958).

– Die Erzlagerstätten der Freiberger Randgebiete. – Freiberger Forsch.-H., C 188 (1965).

CRAIG, H.: Isotopic composition and origin of the Red Sea and Salton Sea geothermal brine. – Science, **154**, 1544–1548 (1966).

McDOWELL, F. W., & J. L. KULP: Age of intrusion and ore deposition in the Robinson mining district of Nevada. – Econ. Geol., **62**, 905–909 (1967).

HART, S. R.: The petrology and isotopic-mineral age relations of a contact zone in the Front Range, Colorado. – J. Geol., **72**, 493–525 (1964).

HARZER, D.: Sauerstoff-Isotopen-Untersuchungen an varistischen und postvaristischen Lagerstätten Sachsens. – Freiberger Forsch.-H., C 209, 137–150 (1967).

LEGIERSKI, J.: Vynziti izotopizkeho slozeni Pb galenitu k resemi metalogenetickych problemu Ceskeho masivu. – Ber. 1. geochem. Konf. Ostrava 1965 (1968).

LEUTWEIN, F.: Alter und paragenetische Stellung der Pechblende erzgebirgischer Lagerstätten. – Geologie, 6, 8, 797–805, Berlin 1957.

MÜLLER, E. P.: Geochemische Gesetzmäßigkeiten und Isotopengeochemie der organischen Substanz im Oberperm des Norddeutschen Flachlandes. – V. Int. Geochem. Konf., Sekt. Geochemie (1967).

MÜLLER, P., & R. WIENHOLZ: Isotopengeochemie und Erdölgenese. – Z. angew. Geol., **14**, 176–182, Berlin 1968.

NIELSEN, H.: Schwefelisotope im marinen Kreislauf und das δ^{34}S der früheren Meere. – Geol. Rundsch., **55**, 160–172 (1965).

NIELSEN, H., & W. RICKE: Schwefelisotopenverhältnisse von Evaporiten aus Deutschland; ein Beitrag zur Kenntnis von δ^{34}S im Meerwassersulfat. – Geochim. Cosmochim. Acta, **28**, 577–591 (1964).

OHMOTO, H., S. R. HART & H. D. HOLLAND: Studies in the Providentia area, Mexico II. K–Ar and Rb–Sr-ages of intrusive rocks and hydrothermal minerals. – Econ. Geol., **61**, 1205–1213 (1966).

PILOT, J.: Isotopengeochemie (Situation, Konzeptionen, Entwicklung, Möglichkeiten). – Freiberger Forsch.-H., C 255 (im Druck).

PILOT, J., J. LEGIERSKI & H. J. RÖSLER: Pb- und S-Isotopenuntersuchungen der Freiberger und anderer Erzlagerstätten. – Geologie (im Druck).

RÖSLER, H. J., & J. PILOT: Die zeitliche Einstufung der sächsisch-thüringischen Ganglagerstätten mit Hilfe der K–Ar-Methode. – Freiberger Forsch.-H., C 209, 87–97 (1967) [1967a].

– Zur Altersbestimmung hydrothermaler Lagerstätten mit Hilfe der K–Ar-Methode. – Fortschr. Miner., **45**, 37–51 (1967) [1967b].

RÖSLER, H. J., J. PILOT & R. GEBHARDT: Schwefel-Isotopenuntersuchungen an Magmatiten und postmagmatischen Lagerstätten des Erzgebirges und Thüringens. – Bergakademie, **18**, 266–273 (1966).

SILVERMAN, S. R.: Investigations of petroleum origin and evolution mechanism by carbon isotopes. – In: Isotopic and cosmic chemistry (UREY-Bd.), ed. H. CRAIG u. a., North-Holland Publications Company, S. 92–102, Amsterdam 1964.

TILTON, G. R., G. W. WETHERILL, G. L. DAVIS & C. A. HOPSON: Ages of minerals from the Baltimore Gneiss near Baltimore, Maryland. – Bull. Geol. Soc. Am., **69**, S. 1469 (1958).

WASSERBURG, G. J., & R. J. HAYDEN: ^{40}Ar–^{40}K-Datierung. – Geochim. et Cosmochim. Acta, **7**, 51–60 (1955).

WINOGRADOW, A. P., A. I. TUGARINOW u. a.: Über das Alter der Granite und Erzvorkommen in Sachsen. – Freiberger Forsch.-H., C 57, 73–85 (1959).

Besprechungen und Referate

Autorenkollektiv

Vorträge zu geochemischen und chemisch-physikalischen Problemen der Erdöl- und Erdgas-Erkundung und -Förderung der V. Internationalen wissenschaftlichen Konferenz über geochemische, chemische und physikalische Probleme der Erkundung und Förderung von Erdöl und Erdgas vom 25. 9. bis 1. 10. 1967 in Magdeburg

Leipzig: VEB Deutscher Verlag für Grundstoffindustrie 1968. Herausgeben vom Forschungsinstitut für die Erkundung und Förderung von Erdöl und Erdgas in Gommern, Bd. I, 549 S., 123 Abb., 85 Tab., M 63,–; Bd. II, 225 S., 91 Abb., 26 Tab., 5 Taf., M 22,–; Bd. III, 214 S., 78 Abb., 33 Tab., M 22,–

Die wissenschaftlichen Konferenzen, die von den Erdölinstituten der ČSSR, DDR, UVR und VR Polen im ungefähr zweijährigen Turnus als Arbeitstagungen durchgeführt werden, haben schon eine stattliche Reihe von Ergebnissen vorgelegt, denen sich die vorliegenden würdig anschließen. Außer den auf der Arbeitstagung vorgetragenen neuen Ergebnissen und Diskussionsmaterialien haben die Herausgeber auch einige schriftlich eingereichte Arbeiten aufgenommen, die nicht der strengen Thematik und der Zeitvorgabe des Kongresses unterlagen und in ihren längeren Ausführungen Übersichtscharakter haben. Dadurch haben die Bände fast den Charakter eines modernen Kompendiums angenommen. Das trifft besonders für Band I zu, der sich mit den geochemischen Problemen bei der Erkundung und Förderung von Erdöl und Erdgas befaßt. Er wird von einer längeren Arbeit aus der Feder des Altmeisters der Geochemiker auf dem Erdölerkundungsgebiet, W. A. SOKOLOW, über die theoretischen Grundlagen der Bildung und Migration von Erdöl und Erdgas eingeleitet und umfaßt weitere neun Aufsätze zur Bituminologie der Sedimente, die insgesamt einen relativ vollständigen Überblick über dieses Wissensgebiet geben. Mitgewirkt haben dabei bekannte Forscher wie RODIONOWA, WEBER (UdSSR) ŠIMANEK (ČSSR), GŁOGOCZOWCSKI (VR Polen), um nur einige wenige zu nennen.

Isotopengeochemische Untersuchungen aus dem Zechstein der DDR mit wichtigen neuen Erkenntnissen (P. MÜLLER) schließen sich an. Ein weiterer Komplex von Vorträgen beschäftigt sich mit den Veränderungen des Erdöls bei der Reifung und der Migration. Von SHUSE sind einige neue Ergebnisse über die Migration der Kohlenwasserstoffe in Hochdruckgasphase bemerkenswert. Weitere Vorträge beschäftigen sich mit den Erdgasen und ihren geochemischen Gesetzmäßigkeiten, der mathematischen Behandlung der vertikalen Gasmigration und anderen theoretischen Untersuchungen über die Migration, über Tiefenwässer und Geomikrobiologie. Somit liegen also für wesentliche Gebiete der organischen Geochemie neueste Ergebnisse vor.

Der zweite Band enthält die Vorträge über Bohrspülungen und Bohrlochzemente, beginnend wieder mit einer modernen Zusammenfassung der theoretischen Grundlagen der Kolloidchemie für die Spülungstechnik (ESTERKA), fortgeführt mit Berichten über Emulsionsspülungen, Meßgeräte, thermostabile Spülungen (KLIPP) und eine Reihe von Spezialspülungen. Bei den Vorträgen über Bohrlochzemente sind Korrosionsuntersuchungen, Zemente für hohe Temperaturen, Berechnung von mehrstufigen Bohrlochzementationen (IBRAHIMPASIČ, Zagreb), Fließeigenschaften (PIERZCHALA, SCHULZE) zu erwähnen.

Der dritte Band enthält Abhandlungen zu chemisch physikalischen Problemen der Förderung. Sie umfassen die Auswertung von Kapillardruckkurven, die Verwendung oberflächenaktiver Stoffe, Probleme der Sekundärverfahren, wobei einige Vorträge über In-situ-Verbrennung (KASSAI, JURANEK) bemerkenswert sind. Auch die Untergrundspeicherung ist mit zwei Arbeiten vertreten.

So bietet das gesamte Werk eine gute Übersicht über das Gebiet der Geochemie von Erdöl und Erdgas, aber auch neue Forschungsergebnisse und viele Anregungen und kann jedem Fachmann ohne Bedenken empfohlen werden.

Eine Reihe von Vorträgen wurde aus der russischen Sprache übersetzt, und hier muß den Übersetzern (das gilt nicht nur für dieses Werk) einmal ins Gewissen geredet werden. Die Anzahl der verballhornten geographischen und geologischen Namen ist Legion, das betrifft selbst solche Namen, die auf jedem Schulatlas zu finden sind (Maikopsk, Krasnodarsk!!); für die geologische Stufe des Pont kann man sich z. B. Pontičesker oder Pontinsker Stufe aussuchen. Und um hinter dem Gaszuwachs das Gasalter zu vermuten, bedarf es bereits starker Phantasie. Da diese Nachlässigkeiten eine allgemeine Erscheinung geworden sind, sollten die Verlage mehr auf Qualitätsarbeit drängen, zumal wir das ja auch unserem Ansehen schuldig sind.

Diese notwendige Bemerkung soll keineswegs den Wert dieses sehr interessanten und gut zusammengestellten Werkes mindern. R. MEINHOLD

WEICHELT, F.

Handbuch der Sprengtechnik

Leipzig: VEB Deutscher Verlag für Grundstoffindustrie 1969. 469 S., 517 Abb., 79 Tab., 6. völlig überarb. Aufl., M 32,—

Die Neuauflage hat gegenüber der 5. Auflage durch die Überarbeitung und Aufnahme moderner Verfahren erheblich an Übersichtlichkeit und Aktualität gewonnen. So wurden z. B. die neuesten Erkenntnisse über die Sprengschäden infolge von Bodenerschütterungen und ein Abschnitt über Erschütterungsmessungen neuaufgenommen; auch dem Einsatz der Sprengtechnik bei geophysikalischen Verfahren (Seismik) zur Erkundung von Lagerstätten ist Rechnung getragen worden. An neuaufgenommenen Sprengmethoden sind weiterhin das Sprengspaltverfahren, das schonende Sprengen und die Methode des Errichtens von Bohrpfählen mit angesprengtem Fuß zu erwähnen; die Gesteinszerstörung ohne Sprengstoffe ist in zwei kurzen Abschnitten behandelt worden. Wie die Bearbeiter selbst andeuten, ist dieser Teil des Buchs durchaus noch ausbaufähig.

Der dargebotene Stoff gliedert sich in sechs Hauptteile. Im 1. Teil (7 S.) werden die chemisch-physikalischen Grundlagen behandelt; der 2. Teil (25 S.) ist den Sprengmitteln und dem Sprengzubehör gewidmet; danach folgt die „Vorbereitung und Durchführung der Sprengarbeiten" (3. Teil, 88 S.); den größten Umfang (246 S.) nimmt der 4. Teil mit den Sprengverfahren ein, der gegenüber der älteren Ausgabe auch die wesentlichsten Neuerungen enthält; sprengtechnische Ladungsberechnungen, mit vielen Anwendungsbeispielen und Tabellen, befinden sich im 5. Teil (25 S.); den Schluß bilden Zusammenstellungen über die wichtigsten gesetzlichen Bestimmungen für den Umgang mit Sprengstoffen, über die zugelassenen Sprengstoffe und das Zubehör sowie ein kurzes Literaturverzeichnis, Tabellen- und Sachwortverzeichnis.

Für den Geologen, der bei der Lagerstättenerkundung, bei der Gewinnung von Bodenschätzen oder in der Geotechnik tätig ist, stellt das vorliegende Buch eine ausgezeichnete Grundlage für die Aneignung des Wissens oder auch ein gutes Nachschlagewerk dar, wenn er sich schnell über bestimmte Gebiete der Gesteinszerstörung bzw. der Sprengtechnik informieren will. Der Stoff ist in verständlicher Form dargelegt, und besonders das Kapitel über die Sprengverfahren ist mit zahlreichem Bildmaterial versehen worden, das die Anlage des Laderaums und die Sprengwirkung bei unterschiedlichen geologischen Bedingungen demonstriert.

Nach dem Vorwort der Bearbeiter ist das Buch auch besonders dem Sprengberechtigten, dem Sprengmeister und dem Sprengingenieur zu empfehlen. F. REUTER

BETECHTIN, A. G.

Herausgegeben von Prof. Dr. habil. H. J. RÖSLER, unter Mitarbeit von Dr. M. SOMMER

Lehrbuch der speziellen Mineralogie. 4. ergänzte Auflage

Leipzig: VEB Deutscher Verlag für Grundstoffindustrie 1968. 681 S., 433 Abb., 14 Tab., 2 Taf.

Der „Betechtin", 1951 im Original und bereits 1953 in erster Auflage in deutscher Sprache erschienen, hat bei seinen Lesern insgesamt eine so günstige Aufnahme gefunden, daß sich Verlag und Herausgeber genötigt sahen, nunmehr (1968) bereits die vierte, wiederum verbesserte und erweiterte Auflage herauszubringen. Die Vorzüge dieses Hochschullehrbuchs und Nachschlagewerks können darin gesehen werden, daß einerseits die verbreitetsten und auch ökonomisch wichtigsten Minerale recht eingehend behandelt werden, wobei Hinweise über die praktische Bedeutung sowie Angaben zur Bildung entsprechender Lagerstätten nicht fehlen, andererseits aber auch stichpunktartig Notizen über seltenere, mitunter aber wegen ihrer Bildungsbedingungen geochemisch wichtige Minerale gegeben werden. Für den Leser ist von Bedeutung, daß im Verlauf der Bearbeitung der einzelnen Auflagen mehr und mehr Angaben über Mineralpunkte außerhalb der Sowjetunion eingearbeitet wurden, so daß auch vom Standpunkt der Betrachtung regionaler mineralogischer Aspekte das Lehrbuch allen Anforderungen gerecht wird. Eine Frage ist, ob man künftighin solchen Ausführungen, wie z. B. Verhalten vor dem Lötrohr, noch Raum geben sollte. Wichtiger wären wohl Angaben über die Bildungsbedingungen der Minerale (t, p, Eh, pH, $O_2^-CO_2^-$, S-Partialdruck) u. a. Auch sollte noch mehr als bisher den graphischen Darstellungen gegenüber rein beschreibenden der Vorrang gegeben werden, besonders bei den zur Mischkristallbildung neigenden Mineralgruppen. Mit Hilfe von Dreiecksdiagrammen könnte z. B. bei der Glimmergruppe schnell eine Übersicht über die chemische und damit auch mineralogische Charakteristik der einzelnen Spezies und vor allem auch über ihre chemische Variation gegeben werden. Die zuletzt genannten Hinweise sollen lediglich Anregungen für künftige Auflagen darstellen. Daß von Jahr zu Jahr und von Jahrzehnt zu Jahrzehnt bestimmte Dinge verbesserungsbedürftig sind, zeugt ja nur davon, daß die Mineralogie „lebt"!

Der Preis von 35,— M ist nach wie vor beachtenswert niedrig. Auch aus diesem Grunde sollte der „Betechtin" in keiner Handbücherei der einschlägig Tätigen fehlen.

G. TISCHENDORF

KEZDI, A.

Handbuch der Bodenmechanik, Band I, Bodenphysik

Budapest: VEB Verlag für Bauwesen/Akadémiai Kiadó 1968. 159 S., 400 Abb.

Das vorliegende Buch ist der erste Band eines vier Bände umfassenden Handbuchs (Band 2: Bodenmechanik im Erd-, Grund- und Straßenbau; Band 3: Bodenmechanisches Versuchswesen; Band 4: Anwendung der Bodenmechanik in der Praxis), das eine Neuauflage und Erweiterung der früher vom Verf. veröffentlichten zweibändigen „Bodenmechanik" darstellt. Das Handbuch berücksichtigt die wesentliche neuere internationale Literatur und enthält für Leser der DDR auch Hinweise auf TGL. Der Stoff wird so dargeboten, daß dem Leser sowohl die theoretischen physikalischen Zusammenhänge klargemacht als auch viele praktische Hinweise und Anwendungsbeispiele vermittelt werden. Der Text ist durch zahlreiche Diagramme, Abbildungen und Tabellen ergänzt, die dem Verständnis des Stoffes sehr förderlich sind. Am Ende mancher Abschnitte erfolgen Literaturhinweise, die zu einem weiteren Studium des Wissensstoffs anregen.

Nach dem in dieser Form in deutscher Sprache erstmals vorliegenden ersten Band eines bodenmechanischen Handbuchs erwarten wir mit Interesse die übrigen drei Teile, die, nach den am Ende des ersten Bandes angeführten Inhaltsangaben zu urteilen, ein Standardwerk darstellen können, das als Lehr-, Lern- und Nachschlagewerk für Ingenieurgeologen, Geotechniker und Bauingenieure empfohlen werden kann.

In einer Einführung in das Fachgebiet werden die Beziehungen zu den Nachbarwissenschaften aus der Sicht des Verf. und die Hauptprobleme der Bodenmechanik kurz und klar aufgezeigt. Der fachliche Inhalt besteht aus neun Hauptabschnitten: Abschnitt 1, Ursprung der Böden und bodenmechanische Kennzahlen (5 S.); Abschnitt 2, Bestandteile der Böden (44 S.); Abschnitt 3, Klassifikation der Erdstoffe (10 S.); Abschnitt 4, Struktur der Erdstoffe (29 S.); Abschnitt 5, Spannungen im Boden (13 S.); Abschnitt 6, Bewegung des Wassers im Untergrund; Abschnitt 7, Festigkeit der Erdstoffe (38 S.); Abschnitt 8, Formänderung von Erdstoffen (16 S.); Abschnitt 9, Bruchzustände im Erdreich (30 S.). Den fachlichen Teil beschließt eine Aufstellung der gebräuchlichen Formelzeichen. F. REUTER

ANDREEV, P. F., A. I. BOGOMOLOV, A. F. DOBRYANSKIJ & A. A. KARTSEV

Transformation of Petroleum in Nature

Oxford: International Series of Monographs in Earth Sciences, Vol. 29, Pergamon Press 1968. 466 S., 55 Abb., 53 Taf., $ 18.–

Das vorliegende Werk ist die Übersetzung eines in der Sowjetunion erschienenen Buches, das sich mit der Umbildung des Erdöls unter geologischen Bedingungen beschäftigt und versucht, geologische und chemische Argumente unter einen Hut zu bringen. Das geschieht in neun Kapiteln, wovon das erste allgemeine Fragen der Erdölentstehung, der Muttergesteine und der Umbildung, besonders während der Migration, behandelt. Dies Kapitel gipfelt in der Folgerung, daß alle Tatsachen gegen die Erdölbildung als Oxydationsvorgang sprechen. Das nächste Kapitel, wie das erste von KARTSEV verfaßt, behandelt die Einflüsse des Alters der Sedimente, der Tiefe und der speziell geologisch-faziellen Bedingungen auf die Ausbildung der Erdöle. Diese Kapitel sind eine vorzügliche Zusammenfassung und Deutung der bekannt gewordenen Tatsachen. Die nächsten beiden, von ANDREEV verfaßten, Artikel sind besonders den thermodynamischen Gesetzen der Umwandlung gewidmet. Sie sind gekennzeichnet durch eine streng chemische Betrachtung. Das zeigt sich auch in dem polemischen Ton, mit dem z. B. mikrobiologische Einflüsse abgelehnt werden, wobei die Argumente z. T. anfechtbar sind. Wie soll man verstehen, daß z. B. der Autor das primäre Vorkommen von anaeroben Mikroben in den Porenwässern leugnet, weil sie von der Oberfläche aus angeblich mangels Nahrung und Vorkommen von freiem Sauerstoff nicht eindringen können, wohl aber durch den Bohrprozeß, wo doch nun ganz bestimmt sauerstoffreiche Wässer verwendet werden, denen anaerobe Bakterien viel fremder sein müssen als vielen Grundwässern, aus denen Tiefenwässer gespeist werden können. Trotz dieses Einwands sind diese Kapitel von größtem Wert für den Geologen, weil er hier in thermodynamischen Gesetzmäßigkeiten denken lernt, in die er seine Beobachtungen einordnen kann. Diese Gesetzmäßigkeiten fordern eine Umbildung der mittleren Alkane zu niedermolekularen und von hochmolekularen Paraffinen zu Aromaten im Laufe der Absenkung der Schichten. Im fünften Kapitel werden Oxydationsvorgänge behandelt. Hier geht der Gegensatz zwischen geologischer und chemischer Betrachtung mitten durch das Kapitel. Die geologischen Ergebnisse (KARTSEV) weisen auf Oxydation durch freien Sauerstoff und anaerobe biochemische Reaktionen, deren Ergebnis asphaltische Komponenten sind. Die chemische Betrachtung (ANDREEV) gelangt zum Ergebnis, daß die Oxydation zu Kohlendioxyd, Wasser, Stickstoff und Schwefel führt.

Interessant im sechsten Kapitel ist die Behandlung einer größeren Anzahl natürlich vorkommender Katalysatoren.

Die letzten Kapitel enthalten viel experimentelle Ergebnisse über die thermokatalytische Umwandlung der verschiedenen Gruppen von Kohlenwasserstoffen. Es sind dies, wenn nur die wichtigsten erwähnt werden, die Dekarboxylierung von Fettsäuren, Umbildung von Ketonen und Alkoholen, Kondensation und Verlust von Alkylgruppen bei Aromaten. Lesenswert ist besonders das Kapitel von DOBRYANSKIJ über den Ursprung der Erdölkohlenwasserstoffe und ihre Verteilungsgesetzmäßigkeit.

Insgesamt ist ein sehr lesenswertes und anregendes Buch entstanden, das jeden interessieren wird, der sich mit Erdöl und seiner Lagerstättenbildung beschäftigt. Manche der noch immer rätselhaften Erscheinungen im Gemisch, das wir Erdöl nennen, finden in dem Buch eine zwiespältige Interpretation, obgleich nur vier Autoren beteiligt sind. Das ist aber bei einer so schwierigen Materie nicht anders zu erwarten.

Die Übersetzung ist allgemein gut, wenn auch die Ursprungssprache noch in vielen Formulierungen durchklingt. Nur eine Reihe europäischer, den Erdölgeologen gut bekannter geographischer Bezeichnungen ist ziemlich verdorben (Salsa Maggiore zu Salsa Majore, Baicoi zu Beikoi, Gura Ocniţea zu Gura Oknitsa u. a.). Hingegen sind die Namen aus der Sowjetunion erstaunlich richtig (ohne die üblichen fehlerhaften Adjektivendungen) wiedergegeben. Druck und Ausstattung sind vorzüglich. R. MEINHOLD

Kurznachrichten

Die **ungarische Erdölförderung** hat sich in den letzten Jahren bei 1,7 Mill. t pro Jahr einigermaßen stabil gehalten. 1968 erwartet man einen leichten Anstieg auf 1,85 Mill. t. Auch die Erdgasgewinnung, die 1965 erstmals die Millionengrenze überstieg, dürfte in diesem Jahre 2 Mrd. m^3 erreichen.

Im Nordseebereich vor der **Küste der Niederlande**, etwa 60 km nordwestlich von Altmaar ist eine **Offshore-Bohrung** gasfündig geworden. Die Bohrung traf in 3200 m Teufe eine Lagerstätte an, die bei den angelaufenen Testarbeiten ca. 500000 m^3 Erdgas pro Tag erbrachte. Zur Zeit werden mit weiteren Bohrungen die Konturen der Struktur untersucht.

Geologische Sucharbeiten im Gorjer Oltet-Becken, in der **SR Rumänien**, haben zur Entdeckung einer industriell nutzbaren **Graphitlagerstätte** geführt. Es ist vorgesehen, die Produktion sobald wie möglich aufzunehmen und die metallurgischen Betriebe des Landes wie auch die Bleistiftfabriken mit hochwertigem Graphit zu beliefern.

Über drei Billionen t betragen die **Steinkohlenvorräte** in der südostsibirischen **Region Krasnojarsk.** Ein Drittel von ihnen ist in dem Kanskatschiner Becken konzentriert. Aschearme Kohle lagert dort in geringer Teufe und kann im Tagebau gewonnen werden. Die Mächtigkeit des Flözes wird mit 50 m angegeben.

Die Vorräte an **Mangan** in der Lagerstätte von Tambao in **Obervolta** werden auf 7 bis 10 Mt Erz geschätzt. Eine Gewinnung im Tagebau ist geplant, bei der während der nächsten 20 Jahre 480000 t Erz mit einem Gehalt von 52% Mn abgebaut werden.

Bei Kavadarci in Südmazedonien, in der **SFR Jugoslawien**, ist eine **Eisen und Nickel** führende Lagerstätte mit einem Vorrat von 100 Mill. t Erz erkundet worden. Man erwartet von dort eine Jahresproduktion von 350000 t Roheisen und 10000 t Nickel.

Die **Nickellagerstätten** von **Westirian** sollen demnächst in Produktion genommen werden. Vertraglich ist für die nächsten 30 Jahre eine jährliche Gewinnung von 20000 t Reinnickel und einer entsprechenden Menge von Kobalt festgelegt worden.

Nach anfänglichen bergbaulichen Schwierigkeiten haben die **Kupfergruben** in Gloguw und Lublin in der **VR Polen** ihre Produktion voll aufgenommen. Fachleute sind der Ansicht, daß nach Erreichung der geplanten Förderung sämtliche Kupferbergwerke der VR Polen zusammengenommen den sechsten Platz in der Weltkupferproduktion einnehmen werden.

In den Ablagerungen der Flüsse und Bäche des Pruttales im Südostteil der **ukrainischen Karpaten** haben sowjetische Geologen **Gold** entdeckt, das stellenweise bis zu mehreren Gramm pro Tonne angereichert sein soll. Mit eingehenden Untersuchungen ist dort begonnen worden.

Die erste Ausbauetappe der **Salzgrube „Klodowa“** in der Wojewodschaft **Poznań (VR Polen)** wurde kürzlich abgeschlossen. Man erwartet von dort eine Produktion von 750000 t Salz. Damit nimmt Klodowa in Polen den ersten und in Europa einen der vordersten Plätze ein.

Bei Tg.-Ocna, in der **SR Rumänien,** wird derzeit eine neue **Salzgrube** erschlossen. Man rechnet damit, jährlich 350000 m^3 Salz gewinnen zu können. Damit stiege die Salzproduktion des Landes um 50% an. Die nachgewiesenen Vorräte sind so groß, daß der Betrieb weit über 100 Jahre arbeiten kann.

Bei Madaras-Ciuc, im nördlichen Teil der Ciucsenke der **SR Rumänien,** haben Hydrogeologen die größte **Mineralwasserlagerstätte** des Landes entdeckt. Das Becken gehört zu einer hydrographischen Zone, die sich in Form eines Dreiecks zwischen den Ortschaften Borsec, Bilbor und Tuschnad erstreckt.

Herausgeber: Zentrales Geologisches Institut im Auftrag des Staatssekretariats für Geologie beim Ministerrat der Deutschen Demokratischen Republik. Für die kollektive Chefredaktion: Dr. K. KAUTER (Redaktionssekretär), Berlin. Redaktion: 1054 Berlin, Zionskirchstraße 34 (Fernsprecher 426001). Verlag: Akademie-Verlag GmbH, 108 Berlin, Leipziger Straße 3–4 (Fernsprecher 220441, Telex 0112020. Postscheckkonto: Berlin 35021). Bestellnummer des Heftes 1047/15/9. Alleinige Anzeigenannahme DEWAG-WERBUNG, 102 Berlin, Rosenthaler Str. 28–31, und alle DEWAG-Betriebe in den Bezirksstädten der DDR. Die „Zeitschrift für angewandte Geologie" erscheint monatlich, Exportpreis: M 6,–, Sonderpreis für die DDR: M 2,– je Heft. – Satz und Druck: VEB Druckhaus „Maxim Gorki", 74 Altenburg. Veröffentlicht unter der Lizenznummer 1279 des Presseamtes beim Vorsitzenden des Ministerrates der Deutschen Demokratischen Republik. Kartengenehmigung Nr. 618/69.

34114

FSC
www.fsc.org
MIX
Papier | Fördert gute Waldnutzung
FSC® C083411

Zeitfracht Medien GmbH
Ferdinand-Jühlke-Straße 7
99095 Erfurt, Deutschland
produktsicherheit@kolibri360.de